"十三五"高等职业教育计算机类专业规划教材
现代职业教育体系中高职衔接课程教材

网页设计与制作

苏 文　陈海峰　主 编

王学卿　程琦峰　
殷 美　包佃清　副主编

U0316832

中国铁道出版社
CHINA RAILWAY PUBLISHING HOUSE

内 容 简 介

中高职衔接是构建现代教育体系的关键。本书是中高职衔接课程体系建设项目"网页设计与制作"课程的配套教材,编者在总结近几年教学改革经验的基础上,按照中高职衔接计算机应用技术专业一体化人才培养方案的要求编写而成。

本书采用单元模块化的编写思路,将 HTML 语言、CSS 样式和 Dreamweaver 软件三方面的知识内容分配到 10 个教学单元中,从网页设计制作的基础知识入手,深入浅出、循序渐进地讲述了基于 Web 标准、使用 HTML+DIV+CSS 进行网页设计制作的相关理论和技术。

每个单元模块首先引出单元的主要学习内容,接着进行任务学习,最后有相应的课后实训和单元小结。每个任务的编写分为任务描述、知识准备、任务实现和任务拓展四个环节,使读者在循序渐进学习的同时掌握网页设计相关的知识技能。

本书知识点全面,结构合理,实用性强,适合作为高等职业院校网页设计课程的教材,也可作为培训机构的短期培训教材和网页设计爱好者的参考书。

图书在版编目(CIP)数据

网页设计与制作/苏文,陈海峰主编. —北京:中国
铁道出版社,2018.12
"十三五"高等职业教育计算机类专业规划教材
ISBN 978-7-113-25147-5

Ⅰ.①网… Ⅱ.①苏… ②陈… Ⅲ.①网页制作工具-
高等职业教育-教材 Ⅳ.①TP393.092.2

中国版本图书馆 CIP 数据核字(2018)第 260861 号

书　　名:网页设计与制作
作　　者:苏　文　陈海峰　主编

策　　划:翟玉峰　　　　　　　　　　读者热线:(010) 63550836
责任编辑:翟玉峰　贾淑媛
封面设计:白　雪
封面制作:刘　颖
责任校对:张玉华
责任印制:郭向伟

出版发行:中国铁道出版社(100054,北京市西城区右安门西街 8 号)
网　　址:http://www.tdpress.com/51eds/
印　　刷:三河市宏盛印务有限公司
版　　次:2018 年 12 月第 1 版　　2018 年 12 月第 1 次印刷
开　　本:787 mm×1 092 mm　1/16　印张:12.25　字数:296 千
印　　数:1~1 000 册
书　　号:ISBN 978-7-113-25147-5
定　　价:34.00 元

前　言

随着 Internet 的快速发展，网页界面更加美观，页面代码更加简洁精致，页面布局都向 W3C 标准靠近，HTML 和 CSS 相结合是静态页面布局的重要组合。

本书在编写过程中以中高职衔接课程资源建设与共享为出发点，全书主要包含 HTML 语言、CSS 样式、Dreamweaver 软件的使用三方面的知识。从网页设计制作的基础知识入手，深入浅出、循序渐进地讲述了基于 Web 标准、使用 HTML+DIV+CSS 进行网页设计制作的相关理论和技术，将知识和技能要点融于一个个任务中，每个任务分为任务描述、知识准备、任务实现、任务拓展四个环节。

本书中的任务设计遵循简明、易学、实用的原则，在知识准备环节，详细介绍实现任务的相关 HTML 和 CSS 知识点；在任务实现环节，以通俗易懂的语言，配以图文并茂的操作步骤，详细讲解任务的实现过程；在任务拓展环节，介绍 Dreamweaver CS6 软件拓展知识，以提高学生的知识素养；在课后实训环节，通过实训练习，巩固所学知识，加强对学生网页操作技能的培养。

本书适合作为高职高专院校计算机专业和非计算机专业的网页设计与制作课程的教材，也可以作为网页设计与制作人员的自学用书和参考书。

本书由苏文和陈海峰任主编，王学卿、程琦峰、殷美和包佃清任副主编。苏文编写单元 1、单元 2、单元 5、单元 10 和全书课后实训内容。陈海峰编写单元 3、单元 4、单元 8 和单元 9。王学卿、包佃清、程琦峰和殷美编写单元 6 和单元 7。全书统稿工作由苏文完成。

参与本书编写的人员均为专业资深教师，但由于时间仓促，编者水平有限，书中疏漏、不足之处在所难免，恳请读者和教学同仁批评指正，以便再版时予以修订。读者在学习过程中，如遇到困难，可以联系作者（电子邮箱：lygqing320@163.com）。

最后，我们要向所有对本书写作做出贡献的同仁表示感谢。

编　　者
2018 年 8 月

目 录

CONTENTS

单元 1　网页设计基础知识

伴随着计算机和网络技术的迅猛发展，互联网网站渗透到全球各个领域，已经彻底改变了人们的工作、学习和生活方式。用户可以随时从网上了解所需要的各种资讯，如天气信息、新闻动态、旅游信息等，也可以通过网站满足各种工作、学习和生活需求，如炒股、网上购物、收发电子邮件、享受远程医疗和远程教育等。当我们轻点鼠标在网海中"遨游"时，一幅幅精彩的网页会呈现在我们面前。这些精美的网页是如何设计与制作的？要学习网页制作，我们有必要先了解一些与网页相关的基础知识，为网页设计与制作做好充分的准备。

任务 1　访问网站——www.lygtc.edu.cn

任务描述

随着网络的飞速发展，因特网在人们的工作、学习和生活中所发挥的作用越来越大，使用计算机上网已经成为每个人必备的基本技能。接入因特网，打开浏览器窗口，输入网址，一张张网页就会呈现在我们面前，带领我们进入网络世界。本任务要求通过浏览器访问网站www.lygtc.edu.cn。

知识准备

一、网页与网站

网页，是网站中的一"页"，是一个包含 HTML 标签的纯文本文件，通常是 HTML 格式，文件扩展名为.html、.htm、.asp、.aspx、.php 或.jsp 等。网页可以存放在世界某个角落的某一台计算机中，是超文本标记语言格式（标准通用标记语言的一个应用）。网页通常用图像文档来提供图像。网页要通过网页浏览器来阅读。网页是构成网站的基本元素，是承载各种网站应用的平台。

1. 网页的类型

根据网页中的交互功能，通常将网页分为静态网页和动态网页两种。

① 静态网页是相对于动态网页而言，是指没有后台数据库、不含程序和不可交互的网页。静态网页是标准的 HTML 文件，它的文件扩展名是.htm 或.html, .shtml、.xml 可以包含文本、图像、声音、Flash 动画、客户端脚本和 ActiveX 控件及 Java 小程序等。静态网页是网站建设的基础，更新起来比较麻烦，适用于一般更新较少的展示型网站。

② 动态网页是指跟静态网页相对的一种网页编程技术，动态网页一般以数据库技术为基础，

能与后台数据库交互，进行数据传递。采用动态网页技术的网站可以实现更多的功能，如用户注册、用户登录、在线调查、用户管理、订单管理等。网页以.aspx、.asp、.jsp、.php、.perl、.cgi 等形式为扩展名。

2. 网页的构成元素

文字与图片是构成一个网页的两个最基本的元素。除此之外，网页的元素还包括动画、音乐、视频、表单、超链接、表格等。

① 文本：文本是网页上最重要的信息载体和交流工具，网页中的主要信息一般都以文本形式为主。

② 图像：图像元素在网页中具有提供信息并展示直观形象的作用。

③ 动画：动画在网页中的作用是有效地吸引访问者更多的注意。

④ 声音：声音是多媒体和视频网页重要的组成部分。

⑤ 视频：视频文件的采用使网页效果更加精彩且富有动感。

⑥ 表格：表格是在网页中用来控制页面信息的布局方式。

⑦ 导航栏：导航栏在网页中是一组超链接，其连接的目的端是网页中重要的页面。

⑧ 交互式表单：表单在网页中通常用来联系数据库并接受访问用户在浏览器端输入的数据。利用服务器的数据库为客户端与服务器端提供更多的互动。

3. 网站

网站（Website）开始是指在因特网上根据一定的规则，使用 HTML（超文本标记语言）等工具制作的用于展示特定内容的相关网页的集合。简单地说，网站是一种沟通工具，人们可以通过网站来发布自己想要公开的资讯，或者利用网站来提供相关的网络服务。人们可以通过网页浏览器来访问网站，获取自己需要的资讯或者享受网络服务。衡量一个网站的性能通常从网站空间大小、网站位置、网站连接速度（俗称"网速"）、网站软件配置、网站提供服务等几方面考虑，最直接的衡量标准是网站的真实流量。

4. 网站主页的基本要素

一般情况下，网站主页应具备的基本成分包括页面标题、网站标志（LOGO）、导航栏、Banner、页脚等。

① 页面标题：用来提示该页面的主要内容。标题不出现在页面布局中，而是出现在浏览器的标题栏中。页面标题有利于让浏览者清楚地知道所要浏览的内容。

② 网站标志（LOGO）：网站的标志如同一个商品的商标，集中体现了网站的特色、内容、文化和个性。网站标志是与其他网站链接以及让其他网站链接的标志和门户，是网站形象的重要体现，就一个网站来说，LOGO 即是网站的名片。而对于一个追求精美效果的网站，LOGO 更是它的灵魂所在。

③ 导航栏：网站主导航位于网站最上面，通常网站的主导航主要包括网站的首页和产品栏目及各个单页面的导入链接。方便用户以最快、最简单的方式到达不同的网页，同时也方便用户一目了然地发现网站的主要信息，而不用费力地寻找。

④ Banner: Banner 是主页中的重要组成部分，用于体现网页的宣传重心，在网络营销术语中，Banner 是一种网络广告形式，通常采用图片、动画、Flash 等方式来制作 Banner 广告。

⑤ 页脚：网页页脚是页面的最底端部分，通常在页脚部分加入一些网站的链接、标注网站所属单位的名称、地址、联系方式和版权声明等信息，通过网页页脚，浏览者可以了解到网站所有者的相关信息。

二、页面布局设计与色彩搭配

网页是网站构成的基本元素，精彩的网页离不开网页设计。在网页设计的众多环节中，页面布局和色彩搭配是重要的环节之一。

1. 网页布局类型

平常，我们在网上浏览时能看到许多精美的主页和网页布局。网页布局类型总体看来大致可分为"国"字型、拐角型、标题正文型、左右框架型、上下框架型、综合框架型、封面型、Flash型等。

（1）"国"字型

"国"字型是一些大型网站所喜欢的类型，页面一般上下各有一个广告条，左面是主菜单，右面放置友情链接等，中间是主要部分，这种布局的优点是充分利用版面，信息量大。"国"字型的缺点是页面会显得拥挤，不够灵活。

（2）拐角型

拐角型布局，一般上面是标题和广告横幅，左侧是一窄列链接等，右侧是很宽的正文，下面是网站的一些辅助信息。在这种类型中，最常见的类型是最上面是标题及广告，左侧是导航链接。

（3）标题正文型

标题正文型最上面是标题或相关的一些内容，下面是正文。一些文章页面或注册页面等就是这种类型。

（4）左右框架型

左右框架型把页面分为左右两页的框架结构，一般左边是导航链接，有时最上边会有一个小的标题或标志，右边是正文。常见的一些大型论坛都是这种结构。这种布局类型结构清晰，一目了然，有些企业网站也喜欢采用。

（5）上下框架型

上下框架型与左右框架型类似，区别仅仅在于把页面分为上下两页的框架。

（6）综合框架型

综合框架型是左右框架型和上下框架型的结合，是相对复杂的一种框架结构。较为常见的是类似于"拐角型"，只是采用了框架结构。

（7）封面型

封面型通常是出现在一些网站的首页，大部分为一些精美的平面设计结合一些小的动画，放上几个简单的链接或者仅是一个"进入"的链接，甚至直接在首页的图片上做链接而没有任何提示。这种类型大部分出现在企业网站和个人主页，如果处理得好，会给人带来赏心悦目的感觉。

（8）Flash型

Flash型与封面型类似，只是这种类型采用了目前非常流行的Flash，与封面型不同的是，由于Flash强大的功能，页面所表达的信息更丰富，其视觉效果及听觉效果如果处理得当，绝不差于传统的多媒体。

2．网页布局方法

网页设计通常有三种布局方法：一种是表格布局，一种是框架布局，还有一种是现在 W3C 极力推荐的 CSS 布局。

（1）利用表格布局网页

表格布局好像已经成为一个标准，随便浏览一个站点，它们一定是用表格布局的。表格布局的优势在于它能对不同对象加以处理，而又不用担心不同对象之间的影响。而且表格在定位图片和文本上比 CSS 更加方便。表格布局唯一的缺点是，当用了过多表格时，页面下载速度受到影响。对于表格布局，可以随便找一个站点的首页，然后保存为 HTML 文件，利用网页编辑工具打开它（要所见即所得的软件），就可以看到这个页面是如何利用表格的。

（2）框架布局

框架结构的页面并不是很受欢迎，可能是因为它的兼容性。但从布局上考虑，框架结构不失为一个好的布局方法。它如同表格布局一样，把不同对象放置到不同页面加以处理，因为框架可以取消边框，所以一般来说不影响整体美观。

（3）利用 DIV+CSS 布局网页

在 HTML4.0 标准中，CSS（层叠样式表）被提出来，它能完全精确地定位文本和图片。CSS 对于初学者来说显得有点复杂，但它的确是一个很好的布局方法。利用 CSS 布局，HTML 可以得到很好的简化，将系统的原型转变为产品会更简单，曾经无法实现的想法利用 CSS 都能实现。

3．网页色彩的搭配

网页色彩，是树立网站形象的关键之一，色彩搭配是设计者感到挑战性的问题：网页的背景、文字、图标、边框、超链接等，应该搭配什么色彩才能最好地表达出预想的内涵。

（1）各种色彩的视觉效果

颜色是因为光的折射而产生的。红、黄、蓝是三原色，其他的色彩都可以用这三种色彩调和而成。颜色分非彩色和真彩色两类：非彩色是指黑、白、灰系统色；真彩色是指所有色彩。

网页画面用彩色还是非彩色？研究表明，彩色的记忆效果是黑白的 3.5 倍。也就是说，在一般情况下，彩色页面较完全，黑白页面更加吸引人。主要文字内容用非彩色，边框、背景、图片用彩色，可以使页面整体不单调，看主要内容也不会眼花。黑白是最基本、最简单的搭配，白字黑底、黑字白底都非常清晰明了。灰色是万能色，可以和任何彩色搭配，也可以帮助两种对立的色彩和谐过渡。如果实在找不出合适的色彩，那就用灰色试试。

彩色的搭配使色彩千变万化。不同的颜色会给用户不同的心理感受。

① 红色：是一种激奋的色彩，具有刺激效果，能使人产生冲动、愤怒、热情、活力的感觉。

② 绿色：介于冷暖两种色彩的中间。具有和睦、宁静、健康、安全的感觉。它和金黄、淡白搭配，可以产生优雅、舒适的气氛。

③ 橙色：也是一种激奋的色彩，具有轻快、欢欣、热烈、温馨、时尚的感觉。

④ 黄色：具有快乐、希望、智慧和轻快的个性，它的明度最高。

⑤ 蓝色：是最具凉爽、清新、专业的色彩。它和白色混合，能体现柔顺、淡雅、浪漫的

气氛。

⑥ 白色：具有洁白、明快、纯真、清洁的感觉。

⑦ 黑色：具有深沉、神秘、寂静、悲哀、压抑的感觉。

⑧ 灰色：具有中庸、平凡、温和、谦让、中立、高雅的感觉。

每种色彩在饱和度、透明度上略微变化就会产生不同的感觉。

（2）网页中色彩搭配的因素

一般来讲，网页设计中要注意各种色彩的运用。

① 色彩的鲜明性：网页的色彩要鲜艳，容易引人注目。

② 色彩的独特性：有与众不同的色彩，使得大家对你的网页印象深刻。

③ 色彩的合适性：就是说色彩和要表达的内容气氛相适合，如用粉色体现女性站点的柔性。

④ 色彩的联想性：不同色彩会产生不同的联想，如蓝色想到天空，黑色想到黑夜，红色想到喜事等，选择色彩要和网页的内涵相关联。

网页色彩搭配的问题，涉及种种因素，但有一个一般的经验仅供参考。

网站为一种主色，配 2 种或 3 种颜色作为设计用色。一般先选定一种色彩，然后调整透明度或者饱和度，产生新的色彩用于网页。这样的页面看起来色彩统一，有层次感。

① 用两种色彩：先选定一种色彩，然后选择它的对比色（在 Photoshop 中按【Ctrl+Shift+I】组合键）。这样搭配的页面色彩丰富但不花哨。

② 用一个色系：用一个具有相同感觉的色彩，例如淡蓝、淡黄、淡绿，或者土黄、土灰、土蓝。

③ 用黑色和一种彩色：比如大红的字体配黑色的边框感觉很"跳"。

随着网页制作经验的积累和丰富，网页用色有这样的一个趋势：单色→五彩缤纷→标准色→单色。最初因为技术和知识缺乏，只能制作出简单的网页，色彩单一；在有一定基础和材料后，希望制作一个漂亮的网页，将自己收集的最好的图片、最满意的色彩堆砌在页面上；但是时间一长，却发现色彩杂乱，没有个性和风格；第三次重新定位自己的网站，选择好切合网页主体的色彩，推出的站点往往比较成功；当最后设计理念和技术达到顶峰时，则又返璞归真，用单一色彩甚至非彩色就可以设计出简洁精美的页面。

不论采用哪种配色方案，一定要注意以下两点：

① 不要将所有颜色都用到，尽量控制在三种色彩以内。

② 背景和文字的对比尽量要大（绝对不要用花纹繁复的图案作背景），以便突出主要文字内容。

三、网页制作常用软件和技术

网站要好看，上面还会有一些图片、动画等来装饰，以及网站的标志图片。这就需要对应的图像处理软件和动画制作软件。图像处理软件有 Photoshop 和 Fireworks，动画制作软件有 Flash，下面分别进行介绍。

1. Photoshop

Photoshop 是由 Adobe 公司开发的图像处理软件，它是目前公认的 PC 上最好的平面美术设计软件。它功能完善、性能稳定、使用方便，在几乎所有的广告、出版、软件公司，Photoshop 都是首选的平面制作工具。

2．Fireworks

Fireworks 是由 Macromedia 公司开发的图形处理工具。Fireworks 是第一套专门为制作网页图形而设计的软件，能够自动切割图像、生成光标动态感应的 JavaScript。Fireworks 具有强大的动画功能和一个相当完美的网络图像生成器。

3．Flash

Flash 是美国 Macromedia 公司（已于 2005 年被 Adobe 公司收购）开发的矢量图形编辑和动画创作的专业软件，它是一种交互式动画设计工具，用它可以将音乐、声效、动画以及富有新意的界面融合在一起，以制作出高品质的网页动态效果。它主要应用于网页设计和多媒体创作等领域，功能十分强大和独特，已成为交互式矢量动画的标准，在网上非常流行。Flash 广泛应用于网页动画制作、教学动画演示、网上购物、在线游戏等的制作中。

任务实现

1．打开浏览器

选择"开始"｜"所有程序"｜"360 安全浏览器"选项，或者双击桌面上的"360 浏览器"图标，打开 360 浏览器，如图 1-1 所示。

图 1-1　360 浏览器

2．输入网址

在地址栏输入网址 http://www.lygtc.edu.cn，如图 1-2 所示，输入结束后按【Enter】键确认，进入网站主页如图 1-3 所示。

图 1-2   地址栏输入网址

图 1-3   打开浏览的页面内容

 任务拓展

1. Internet

Internet 即为因特网，是全球最大的一个电子计算机互联网，是由成千上万个网络和计算机通过特定的协议相互连接而成的全球计算机网络。通过因特网可以传递信息到世界上几乎任何角落。Internet 中最为常见的信息传播载体则是网站和网页。

2. 万维网

万维网（World Wide Web，WWW）是环球信息网的缩写，通常也可以简称为 Web。它是一个由许多互相连接的超文本组成的系统，这些资源通过超文本传输协议（HyperText Transfer Protocol）传送给用户，用户通过单击链接来获得资源。

3．超文本

超文本也称超级文本（Hypertext），是用超链接的方法，将各种不同空间的文字信息组织在一起的网状文本，是由一个叫作网页浏览器（Web browser）的程序显示。网页浏览器从网页服务器取回称为"文档"或"网页"的信息并显示。

4．浏览器

浏览器是指可以显示网页服务器或者文件系统的 HTML 文件内容，并让用户与这些文件交互的一种软件。它用来显示在万维网或局域网中的文字、图像及其他信息。这些文字或图像，也可以是连接其他网址的超链接，以便用户迅速地浏览各种信息。

国内计算机上常见的网页浏览器有 QQ 浏览器、Internet Explorer、Firefox、Safari、Opera、Google Chrome、百度浏览器、搜狗浏览器、猎豹浏览器、360 浏览器、UC 浏览器、傲游浏览器、世界之窗浏览器等，浏览器是最经常使用的客户端程序。

任务 2　创建本地站点

任务描述

站点是指将所有网页文件及相关资源有规律地组织和关联在一起形成的一系列文件的组合，Dreamweaver 是当前最为流行网页设计和网站开发的工具软件，它既可以用于创建静态和动态网站页面，同时还具有网站管理的功能。

本任务是在 Dreamweaver CS6 中创建一个本地站点，设置站点名称为"web"，设置本地根文件夹为"D:\jw"，HTTP 地址设置为"http://locahost"。

知识准备

一、Dreamweaver CS6 软件

1．软件介绍

Dreamweaver CS6 是一款功能强大的可视化网页编辑与管理软件。利用它，不仅可以轻松地创建跨平台和跨浏览器的页面，也可以直接创建具有动态效果的网页而不用自己编写源代码。Dreamweaver CS6 最主要的优势在于能够进行多任务工作，并且在操作方法、界面风格方面更加人性化。用户可以根据自己的喜好和工作方式，重新排列软件的面板和面板组，自定义工作区。

由于它支持代码、拆分、设计、实时视图等多种方式来创作、编写和修改网页，因此对于初级人员，无须编写任何代码就能快速创建 Web 页面。其成熟的代码编辑工具更适用于 Web 开发高级人员的创作。CS6 版本使用了自适应网格版面创建页面，在发布前可使用多屏幕预览审阅设计，大大提高了用户的工作效率，而改善的 FTP 性能可更高效地传输大型文件。"实时视图"和"多屏幕预览"面板可呈现 HTML5 代码，用户能更方便地检查自己的工作。

2．工作界面

要使用 Dreamweaver CS6 进行网页设计与制作，首先需要熟悉软件的工作环境。Dreamweaver

CS6 的标准工作界面，包括：标题栏、菜单栏、"插入"栏、"文档"工具栏、"文档"窗口、状态栏、属性面板和浮动面板组，如图 1-4 所示。

图 1-4　Dreamweaver CS6 工作界面

（1）功能菜单

功能菜单，就是一些能够实现一定功能的菜单命令。Dreamweaver CS6 拥有"文件"、"编辑"、"查看"、"插入"、"修改"、"格式"、"命令"、"站点"、"窗口"和"帮助"等 10 个菜单分类，单击这些菜单可以打开其子菜单。Dreamweaver CS6 的菜单功能极其丰富，几乎涵盖了所有的功能操作。

（2）插入栏

"插入栏"包含用于创建和插入对象（如表格、AP 元素和图像）的按钮。当鼠标指针移动到一个按钮上时，会出现一个工具提示，其中含有该按钮的名称。

这些按钮被组织到若干选项卡中，用户可以单击"插入栏"顶部的相应选项卡进行切换。当启动 Dreamweaver CS6 时，系统会默认打开用户上次使用的选项卡。

某些选项卡具有带弹出菜单的按钮。从弹出菜单中选择一个命令时，该命令将成为该按钮的默认操作。例如，如果从"图像"按钮的弹出菜单中选择"图像占位符"命令，下次单击"图像"按钮时，Dreamweaver CS6 会自插入一个图像占位符。每当从按钮的弹出菜单中选择一个新命令时，该按钮的默认操作都会改变。

"插入栏"中有"常用"选项卡、"布局"选项卡、"表单"选项卡、"数据"选项卡、Spry 选项卡、jQuery Mobile 选项卡、InContext Editing 选项卡、"文本"选项卡和"收藏夹"选项卡。

①　"常用"选项卡。"常用"选项卡包含了最常用的对象，最主要的功能是插入各项最常用的基本网页设计及排版组件，如图像按钮、表格按钮、插入媒体等，如图 1-5 所示。

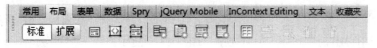

图 1-5　"常用"选项卡

② "布局"选项卡。"布局"选项卡包含了表格按钮、DIV 标签等，如图 1-6 所示，可以帮助用户快速地在网页中绘制不同的表格和框架。这与以往版本的 Dreamweaver 有很大的区别。

图 1-6 "布局"选项卡

③ "表单"选项卡。"表单"选项卡包含了创建表单域和插入表单元素的按钮，如图 1-7 所示。表单是网页设计中最重要却又最难完全掌握的部分，使用表单可以收集访问者的信息，如订单、搜索接口等。

图 1-7 "表单"选项卡

④ "数据"选项卡。"数据"选项卡可以插入 Spry 数据对象和其他动态元素，例如记录集、重复区域以及插入记录表单和更新记录表单，如图 1-8 所示。

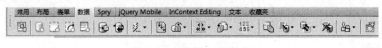

图 1-8 "数据"选项卡

⑤ Spry 选项卡。Spry 选项卡包含一些用于构建 Spry 页面的按钮，包括 Spry 数据对象和构件，如图 1-9 所示。

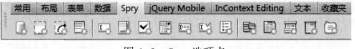

图 1-9 Spry 选项卡

⑥ jQuery Mobile 选项卡。jQuery Mobile 选项卡包含 jQuery Mobile 的页面、文本输入、按钮等元素，如图 1-10 所示。

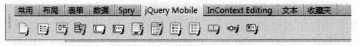

图 1-10 jQuery Mobile 选项卡

⑦ InContext Editing 选项卡。InContext Editing 选项卡包含可编辑区域和创建重复区域的内容，如图 1-11 所示。

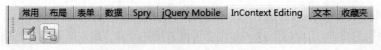

图 1-11 InContext Editing 选项卡

⑧ "文本"选项卡。"文本"选项卡包含了多种特定的字符，如商标、引号等特殊字符，这些字符也可以以 HTML 的方式插入网页之中，如图 1-12 所示。

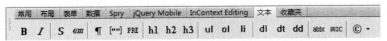

图 1-12 "文本"选项卡

⑨ "收藏夹"选项卡。"收藏夹"选项卡用于将"插入栏"中最常用的按钮分组或将其组织到某一公共位置，如图 1-13 所示。

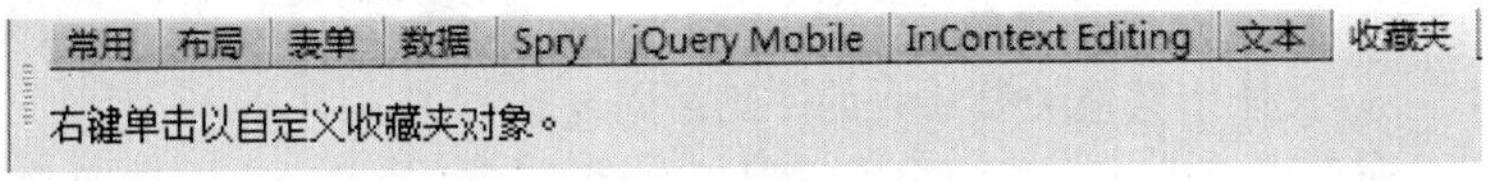

图 1-13 "收藏夹"选项卡

（3）文档工具栏

"文档工具栏"中包含一些按钮，使用这些按钮可以在"代码"视图、"设计"视图以及"拆分"视图间快速切换。文档工具栏还包含一些与查看文档、在本地和远程站点间传输文档有关的常用命令和选项，如图 1-14 所示。

图 1-14 文档工具栏

① 显示代码视图按钮：只在"文档窗口"中显示"代码"视图。

② 显示拆分视图按钮：将"文档"窗口拆分为"代码"视图和"设计"视图。当选择了这种组合视图时，"文档"左侧显示"代码"视图，右侧显示"设计"视图。

③ 显示设计视图按钮：只在"文档窗口"中显示"设计"视图。

注意：如果处理的是 XML、JavaScript、Java、CSS 或其他基于代码的文件类型，则不能在"设计"视图中查看文件，而且"设计"和"拆分"按钮将会变暗。

④ "多屏幕"按钮：可以根据用户的需要选择屏幕的尺寸、大小和方向等。

⑤ "在浏览器中预览/调试"按钮：允许用户在浏览器中预览或调试文档，并可从弹出菜单中选择一个浏览器。

⑥ "文件管理"按钮：显示"文件管理"弹出菜单。

⑦ "W3C 验证"按钮：包括验证当前文档、验证实时文档和设置 W3C 的功能，用于验证当前文档或选定的标签。

⑧ "检查浏览器兼容性"按钮：用于检查用户的 CSS 是否对于各种浏览器均兼容，包括检查浏览器的兼容性、显示浏览器出现的问题、报告浏览器呈现的问题等。

⑨ "可视化助理"按钮：用户可以使用各种可视化助理来设计页面。

⑩ "刷新设计视图"按钮：在"代码"视图中对文档进行更改后，单击此按钮刷新文档的"设计"视图，因为只有在执行某些操作（如保存文件或单击该按钮）之后，在"代码"视图中所做的更改才会自动显示在"设计"视图中。

⑪ "标题"文本框：允许为文档输入一个标题，该标题将显示在浏览器的标题栏中。如果文档已经有标题了，则该标题将显示在该区域中。

（4）文档窗口

"文档窗口"用于显示当前文档，可以选择下列任一视图。

① 设计视图：一个用于可视化页面布局、可视化编辑和快速进行应用程序开发的设计环境。在该视图中，Dreamweaver 显示文档的完全可编辑的可视化表示形式，类似于在浏览器中查看页面时看到的内容。用户可以配置"设计"视图，以在处理文档时显示动态内容。

② 代码视图：一个用于编写和编辑 HTML、JavaScript、服务器语言代码[如 PHP 或 ColdFusion标记语言（CFML）] 以及任何其他类型代码的手工编码环境。

③ 拆分视图：使用户可以在一个窗口中同时看到同一文档的"代码"视图和"设计"视图。

当"文档窗口"有标题栏时，标题栏显示页面标题，并在括号中显示文件的路径和文件名。如果用户对文档做了更改但尚未保存，则 Dreamweaver 会在文件名后显示一个星号。

当"文档窗口"在集成工作区布局（仅适用于 Windows 系统）中处于最大化状态时，它没有标题栏，页面标题以及文件的路径和文件名则显示在主工作区窗口的标题栏中，并且"文档窗口"顶部会出现选项卡，上面显示了所有打开文档的文件名。若要切换到某个文档，则可单击它的选项卡。

（5）状态栏

"文档窗口"底部的"状态栏"提供与正在创建的文档有关的其他信息，如图 1-15 所示。

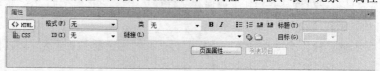

图 1-15　状态栏

① "标签选择器"图标：显示环绕当前选定内容的标签的层次结构。单击该层次结构中的任何标签可以选择该标签及其全部内容。单击"标签选择器"图标可以选择文档的整个正文。若要在标签选择器中设置某个标签的 class 或 id 属性，则可右击(适用于 Windows 系统)或按住【Ctrl】键并单击（适用于 Macintosh 系统）该标签，然后从弹出的快捷菜单中选择一个"类"或 ID。

② "选取工具"图标：用于启用或禁用手形工具。

③ "手形工具"图标：用于在"文档"窗口中单击并拖动文档。

④ "缩放工具和设置缩放比率"下拉列表框：可以为文档设置缩放比率。

⑤ "窗口大小"图标：用于将"文档窗口"的大小调整到预定义或自定义的尺寸。

⑥ "文档大小和下载时间"图标：显示页面（包括所有相关文件，如图像和其他媒体文件）的预计文档大小和预计下载时间。

（6）属性面板

"属性"面板并不是将所有的对象和属性都加载到面板上，而是根据用户选择的不同对象来动态地显示对象的属性。制作网页时，可以根据需要随时打开或关闭"属性"面板，或者通过拖动"属性"面板的标题栏将其移到合适的位置。

选定页面元素后系统会显示相应的"属性"面板，如图 1-16 所示。还有图像"属性"面板、表格"属性"面板、框架"属性"面板、Flash 影片"属性"面板、表单元素"属性"面板等。

图 1-16　"属性"面板

（7）功能面板

Dreamweaver CS6 的功能面板位于文档窗口边缘。常见的功能面板包括"CSS 样式"面板、"文件"面板等。

① "CSS 样式"面板。

使用"CSS 样式"面板可以跟踪影响当前所选页面元素的 CSS 规则和属性（"当前"模式），或影响整个文档的规则和属性（"全部"模式）。单击"CSS 样式"面板顶部的相应按钮可以在两种模式之间切换，在"全部"和"当前"模式下还可以修改 CSS 属性。"CSS 样式"面板如图 1–17 所示。

在"当前"模式下，"CSS 样式"面板包括三个窗格："所选内容的摘要"窗格，显示文档中当前所选内容的 CSS 属性；"规则"窗格，显示所选属性的位置（或所选标签的层叠规则）；"属性"窗格，允许用户编辑、定义所选内容的规则的 CSS 属性。

在"全部"模式下，"CSS 样式"面板包括两个窗格："所有规则"窗格（顶部）和"属性"窗格（底部）。"所有规则"窗格显示当前文档中定义的规则以及附加到当前文档的样式表中定义的所有规则的列表。使用"属性"窗格可以编辑"所有规则"窗格中任一所选规则的 CSS 属性。

对"属性"窗格所做的任何更改都将立即应用，用户在操作的同时便可预览效果。

② "文件"面板。

使用"文件"面板可查看和管理 Dreamweaver 站点中的文件，如图 1–18 所示。

图 1–17　"CSS 样式"面板

图 1–18　"文件"面板

在"文件"面板中查看站点、文件或文件夹时，可以查看区域的大小，还可以展开或折叠"文件"面板。当"文件"面板折叠时，它以文件列表的形式显示本地站点、远程站点或测试服务器的内容。在展开时，它显示本地站点和远程站点，或者显示本地站点和测试服务器。"文件"面板还可以显示本地站点的视觉站点地图。

对于 Dreamweaver 站点来说，用户还可以通过更改折叠面板中默认显示的视图（本地站点或远程站点视图）来对"文件"面板进行自定义。

二、Dreamweaver CS6 站点

在 Dreamweaver CS6 中，用户不仅可以创建基本的 HTML 页面和动态的 ASP、JSP 页面，还可以创建模板页、CSS 样式表、XSLT、库项目、JavaScript、XML 以及多种专业水准的页面设计。

1. 站点定义向导

如下几种方法都可以打开站点设置对象对话框，如图 1–19 所示。

① 单击"文件"面板右侧蓝色的"管理站点"链接，在"管理站点"对话框中单击"新建站点"按钮。

② 在菜单栏中依次选择"站点"|"新建站点"命令。

③ 菜单栏中依次选择"站点"|"管理站点"命令，在"管理站点"对话框中单击"新建站点"按钮。

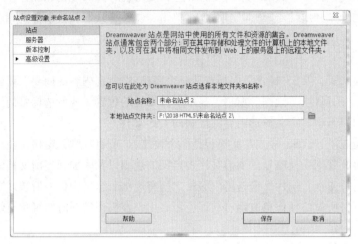

图 1-19　站点设置对象对话框

从图 1-19 所示的对话框中可以查看站点设置的三个基本任务，根据站点设置的提示即可完成基本站点的创建。

- 站点：可以为站点选择本地文件夹和名称。
- 服务器：选择承载 Web 上页面的服务器。
- 版本控制：设置访问、协议、服务器地址、存储库路径、服务器端口、用户名和密码等内容。

2．定义本地站点

本地站点就是编辑和存放站点文件的本地场所，在本地站点中完成站点的设计，才能上传到远程服务器，供网络上其他人浏览。在制作页面之前，首先要在 Dreamweaver 中创建站点。一开始只需制作本地站点，这个位于本地硬盘中的文件夹被当成一个远程站点的镜像，完成本地站点的制作后，即可将本地站点上传至远端服务器，作为远程站点。

选择"站点设置对象"对话框中的"高级设置"选项，在"本地信息"选项界面中设置本地文件夹，如图 1-20 所示。

在"本地信息"选项界面中可设置本地文件夹的下列属性。

① "默认图像文件夹"文本框：指定放置站点图像文件的目录。

② "站点范围媒体查询文件"文本框：指定放置站点文件的本地文件夹，可单击按钮选择本地文件夹或直接在文本框中输入本地文件夹的路径。

③ "Web URL"文本框：指定站点的 URL 地址。

④ 启用缓存：选中该复选框，可创建本地缓存，这样有利于提高站点链接和站点管理任务的速度，而且可以有效地使用"资源"面板管理站点资源。

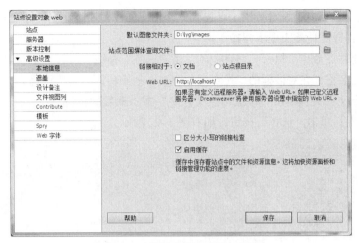

图 1-20 设置本地文件夹对话框

3. 站点的编辑

在 Dreamweaver 中提供了站点管理的相关功能，不但可以对本地站点进行管理，甚至可直接对远程服务器中的站点进行管理。建立好站点之后，根据需要可随时进行编辑，同时可以删除已创建的站点。下面介绍编辑站点的具体操作步骤。

① 在"文件"面板的下拉菜单中选择"管理站点"选项。

② 打开"管理站点"对话框，如图 1-21 所示，在站点列表中选择要编辑的站点，单击"编辑当前选定的站点"按钮。

图 1-21 "管理站点"对话框

③ 打开"站点设置对象"对话框，修改相关参数，完成后单击"保存"按钮。

④ 单击"管理站点"对话框中的"完成"按钮，完成站点编辑。

⑤ 如果要删除站点，则在"管理站点"对话框中单击"删除当前选定的站点"按钮即可。

任务实现

新建站点实质上是将一个文件夹虚拟为一个网站，将该文件夹中的所有文件视作该网站中的资源，以便在进行站点内容编辑时快速查找或打开相应文件、快速建立文件之间的关联、检查和检验站点中的文件等。任务实现步骤如下：

① 执行新建站点命令。执行"站点"｜"新建站点"命令，打开"站点设置对象"对话框。

② 设置站点名称。在对话框的"站点名称"文本框中将站点名称设置为"web"。

③ 选择站点文件夹。单击"本地站点文件夹"文本框后的按钮，在打开的对话框中选择新站点所在的文件夹后单击"选择"按钮，如右图 1-22 所示。

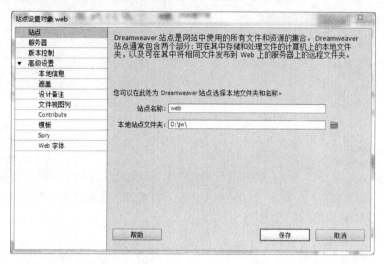

图 1-22　设置站点名称

④ 高级设置，单击"高级设置"，单击"本地信息"，在 Web URL 中输入"http://locahost"。

单击"保存"按钮即可完成站点的新建，此时将在"文件"中列出当前文件夹中资源的结构，完成站点新建。

本任务创建的站点为本地站点，即本地计算机上虚拟的站点环境，若要对网络服务器中的站点进行管理，可在新建站点时，在"站点设置对象"对话框左侧分类中选择"服务器"，然后添加远程服务器的名称、FTP 地址及用户名和密码等，关联了远程服务器的站点可将本地站点文件与远程服务器中的文件进行同步，从而使网站的管理更为方便快捷。

任务拓展

在 Dreamweaver CS6 中通过设置相关参数，可以改变操作环境，从而使其更加符合设计者的设计需要。常见的设置有"预览设置"、"设置外部编辑器"和"编辑快捷键"等，其他的参数设置和这些方法相同，用户可以根据需要自行设置。

1．预览设置

在设计过程中，用户需要随时在浏览器中打开设计的文档，以便查看其设计效果和及时进行更改和完善。Dreamweaver CS6 提供了在设计过程中预览的功能，用户只需使用菜单命令或快捷键就可以在浏览器中打开设计中的文档。

依次选择"编辑"｜"首选参数"菜单命令，打开"首选参数"对话框，在"分类"列表框中选择"在浏览器中预览"选项，右侧即出现相关界面，如图 1-23 所示。

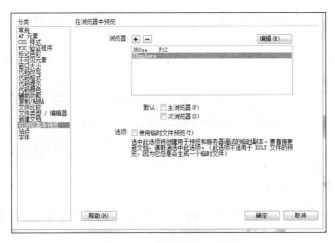

图 1-23　"首选参数"对话框

对话框中各选项的含义如下：

① 单击"+"按钮：可向列表中添加新的浏览器。

② 单击"-"按钮：可删除列表中选择的浏览器。

③ 单击"编辑"按钮，弹出"编辑浏览器"对话框，从中可修改选定的浏览器参数。

将 Internet Explorer（简称 IE）设置为默认浏览器的快捷键为【F12】。在设计过程中，如果想预览页面效果，可选择"文件"|"在浏览器中预览"命令或按快捷键【F12】。

2．设置外部编辑器

Dreamweaver CS6 具有良好的外部程序接口，可以与各种页面元素相关的外部编辑器相连接，在设计过程中可以及时调用这些外部程序并编辑页面元素，完成后还可以将编辑好的元素直接应用在设计中，十分便捷。

设置外部编辑器示例：将 Photoshop CS6 设置为 Dreamweaver CS6 中.jpg、.jpe、.jpeg 等文件的外部编辑器。设置外部编辑器的具体操作步骤如下。

① 依次选择"编辑"|"首选参数"菜单命令，打开"首选参数"对话框，在"分类"列表框中选择"文件类型/编辑器"选项，如图 1-24 所示。

图 1-24　选择"文件类型/编辑器"选项

② 在"扩展名"列表框中选择 .jpg .jpe .jpeg 选项，然后单击"编辑器"列表框上方 ⊞ 的按钮，打开"选择外部编辑器"对话框。

③ 选择 Photoshop 程序文件，然后单击"打开"按钮退出对话框，此时在"编辑器"列表框中出现所加载的 Photoshop 程序。

④ 选择 Photoshop 程序名称，单击"编辑器"列表框上方的"设为主要"按钮，将 Photoshop 设置为默认的主要编辑器。完成后，在 Photoshop 名称后面出现"主要"字样。

⑤ 如果要删除"编辑器"列表框中没用的编辑器，则选择编辑器名称后，单击"编辑器"列表上方的 ⊟ 按钮即可。

3. 编辑快捷键

Dreamweaver CS6 为菜单命令、文档编辑、代码编辑、站点管理等操作设置了易用的快捷键。如果用户需要，则可以更改或添加自己的快捷键。

编辑快捷键示例：为"查看"|"代码"菜单命令添加快捷键，即按【Backspace】键，将 Dreamweaver 切换到"代码"视图。

编辑快捷键的具体操作步骤如下。

① 依次选择"编辑"|"快捷键"菜单命令，打开"快捷键"对话框，如图 1-25 所示。

图 1-25　"快捷键"对话框

② 在"当前设置"下拉列表框中选择默认的 Dreamweaver Standard 选项，然后在"命令"下拉列表框中选择"菜单命令"选项。

③ 在列表框中展开"查看"选项，选择其中的"代码"选项。

④ 单击"快捷键"选项右侧的 ⊞ 按钮，然后按【Backspace】键。此时在"按键"文本框中出现自动加载的快捷键符号 BkSp。

⑤ 单击"确定"按钮退出对话框，快捷键设置完毕。

同理，可以为切换设计视图添加快捷键，以便在两种视图间进行切换。

课 后 实 训

1. 使用开发人员工具查看百度首页

实训目的

① 掌握使用 IE 浏览器访问百度首页。

② 掌握使用开发人员工具查看网页代码。

实训内容

启动浏览器，输入网页地址，打开"开发人员工具"，通过"开发人员工具"窗口查看网页代码。

2. 使用现有文件建立站点

实训目的

① 熟悉 Dreamweaver CS6 的工作界面。

② 掌握站点的创建与管理。

实训内容

将素材文件夹（课后实训\第 1 单元）中的文件素材复制到自己建立的一个新文件夹中，设置站点的名称为"web2"，站点的首页重命名为"index.html"，如图 1-26 所示。

图 1-26　婚纱摄影网

单 元 小 结

本单元首先介绍了网页设计的基础知识，接下来介绍了 Dreamweaver CS6 的工作界面，以及站点的建立。一个网站的建立通常要遵循以下顺序：首先是合理规划站点，这是创建任何网站的前提，在创建网站之前必须先明确站点目标、用户及站点结构；其次是构建本地站点和远程站点；接着是站点的测试、维护与管理；最后是站点的上传与发布。

使用"管理站点"向导搭建站点、编辑和管理站点。通过创建本地站点，将位于本地的文件夹当作远程站点的镜像，最后上传至服务器，完成网站的上传。

单元 2 | HTML 基础

HTML 是一种用来制作超文本文档的简单标记语言。但是，具体什么是 HTML，又该如何使用 HTML 中的标记控制网页中的文本、图像和超链接呢？本单元将详细讲解 HTML 的基本语法结构，以及 HTML 控制文本、图像、超链接和表格等的标记。

任务 1　制作图文混排网页

任务描述

设计网页就是将页面的组成元素组织并展示出来以体现网页的主体，吸引浏览者进行访问。文字与图片是构成网页的两个最主要的元素。网页中的主要信息一般都以文本形式为主，图像元素在网页中具有提供信息并展示直观形象的作用。本任务将通过学习 HTML 页面的基本结构和图文混排实现"港城风光—花果山"网页，以及连岛、孔雀沟、渔湾、东海玉兰花等展示页面。花果山页面效果如图 2-1 所示。

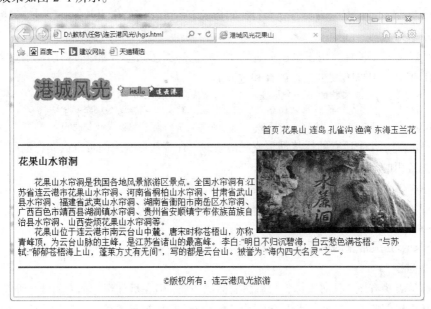

图 2-1　港城风光—花果山

知识准备

一、HTML 基本概念

1. HTML 简介

HTML 的英文全称是 Hypertext Marked Language，即超文本标记语言，是一种用来制作超文本文档的简单标记语言。自 1990 年以来，HTML 就一直被用作万维网（WWW）的信息表示语言，使用 HTML 语言描述的文件需要通过 WWW 浏览器显示出效果。

HTML 是一种建立网页文件的语言，通过标记式的指令（Tag），将影像、声音、图片、文字、动画、影视等内容显示出来。超文本传输协议规定了浏览器在运行 HTML 文档时所遵循的规则和进行的操作。HTTP 协议的制定使浏览器在运行超文本时有了统一的规则和标准。

2. HTML 文档结构

一个 HTML 文件的基本结构如下所示：

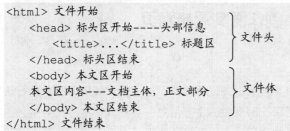

3. HTML 标签

HTML 用于描述功能的符号称为"标签"。标签通常由"<"">"和其所包含的标签元素组成。例如<body>与</body>就是一对标签，无斜杠的标记表示该标记的作用开始，有斜杠的标记表示该标记的作用结束。

HTML 定义了 3 种标签用于描述页面的整体结构。页面标签不影响页面的显示效果，它们是帮助 HTML 工具对 HTML 文件进行解释和过滤的。

<html>标签：HTML 文档的第一个标签，文件的开头，形式上的标记。
<head>标签：出现在文档的起始部分，标明文档头部信息，一般包含标题和主题信息。
<body>标签：用来标明文档的主体区域，网页所要显示的内容都放在此标记内。

在 HTML 中，几乎所有的标签都是成对出现的，标签与标签之间可以嵌套，也可以放置各种属性。标签常用的几种形式如下：

（1）单标签

有些标签只需要单独使用就可以表达意思，这种标签称为单标签。其语法形式为：

<标签名称>

和<hr>是最常用的单标签。
表示换行，<hr>表示水平线标记。

（2）双标签

这种标签有头有尾，且前头标签与后面的标记一样，但在后面标记前有斜线，所以叫双标签。开始标记是告诉浏览器从本处开始标签所表达的功能，再由尾标签告诉浏览器结束。语法形式为：

<标签>内容</标签>

<p>段落内容</p>中的"段落内容"被<p>标记对修饰，表示一个段落。

（3）标签属性

有些开始标签内可以包含一些属性，语法形式为：

<标签名称　属性 1=属性值 1　　属性 2=属性值 2...>

各个属性之间没有先后顺序，如<body　　bgcolor="#000000" leftmargin="4">其中，bgcolor 属性表示背景颜色，leftmargin 表示左边距。

二、文本排版

1．标题标签<h#>

通常，一篇文档最基本的结构就是有若干不同级别的标题和文本。在 HTML 中，标题用<h#>表示，#代表数字 1~6。即<h1>表示 1 级标题，<h2>表示 2 级标题，一直到<h6>表示 6 级标题，数字越小，级别越高，文字相应的也越大。

默认情况下，标题文字是左对齐，在网页制作的过程中，可以设置文字的对齐方式。可以通过 align 属性来实现。其取值如下所示：

① left：设置标题文字左对齐（默认值）。

② center：设置标题文字居中对齐。

③ right：设置标题文字右对齐。

【例 2-1】标题标签使用的 HTML 代码如下（代码文件位于素材"第 2 单元\02-01.html"）。

```html
<html>
    <head>
        <title>标题标签</title>
    </head>
    <body>
        <h1>标题 h1</h1>
        <h2>标题 h2</h2>
        <h3>标题 h3</h3>
        <h4 align="right">标题 h4</h4>
        <h5 align="center">标题 h5</h5>
        <h6>标题 h6</h6>
    </body>
</html>
```

在 IE 浏览器中打开此网页，效果如图 2-2 所示。

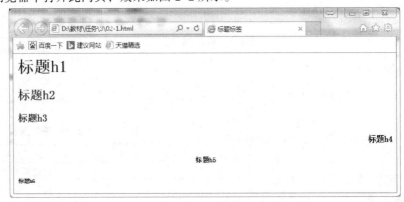

图 2-2　设置标题

2．段落标签<p>和段内换行标签

段落语法代码是由尖括号对里放置 p 的双标记来表示，在标记对里面放置的内容就构成了一个段落。段落完整语法表示为"<p>这里表示段落</p>"，在<p></p>标记对中就表示的一个段落。

在网页编写代码时的换行与按【Enter】键的换行是不同的，即在编写 HTML 代码中按【Enter】键只多了一行空格，在代码中另起一行，但浏览器解释时，会忽视多余空格，只保留一个空格的位置。
换行代码标签在页面中显示出换行效果，当浏览器在解释换行代码时会强制换行，这样在网页中就达到用户在输入时的换行效果。

换行标记是单标签，即不会成对出现，其完整语法代码如下所示。

【例 2-2】段落标签 HTML 代码如下（代码文件位于素材"第 2 单元\02-02.html"）。

```html
<html>
    <head>
        <title>段落与换行</title>
    </head>
    <body>
        <p>这里表示段落一</p>
        <p>这里表示段落二</p>
        <p>这里表示段落三</p>
        <p>这里表示段落四</p>
        此处第一次出现换行。</br> 此处第二次出现换行。</br> 此处第三次出现换行。</br>
    </body>
</html>
```

在 IE 浏览器中打开此网页，效果如图 2-3 所示。

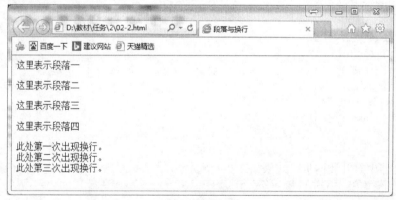

图 2-3　段落与换行

3．字体标签<font>

字体标记在网页中常常会用到，如一个标题字体需要设置特大字体且颜色是红色、字体类别使用宋体、楷体等。在 HTML 中有其字体标记，用来修饰文字字体方面属性，<font>标签的属性如表 2-1 所示。

为了使文字显得更加丰富，HTML 还提供一些标签来实现文字效果，相关标签如表 2-2 所示。

表 2-1　<font>标签的属性

属　　性	说　　明
color	设置字体颜色
face	设置字体名称
size	设置字体大小

表 2-2　<font>相关标签和示例

标　签	说　明	标　签	说　明
<b>...</b>	**粗体**	<strong>...<strong>	**表示强调，一般为粗体**
<i>...</i>	*斜体*	<strike>...</strike>	加删除线
<u>...</u>	加下画线	^{...}	上标（x^2+y^2）
<em>...</em>	*表示强调，一般为斜体*	_{...}	下标（x_2+y_2）

【例 2-3】字体标签，HTML 代码如下（代码文件位于素材"第 2 单元\02–03.html"）。

```html
<html>
    <head>
        <title>字体属性和相关标签</title>
    </head>
    <body>
        <font color="red">这里显示红色字体</font>
        <b>粗体，这里显示的是粗体</b>
        <br>
        <i>斜体，这里显示的是斜体</i>
        <br>
        <u>下画线，这里是下画线</u>
        <br>
        <s>删除线，这里是删除线</s>
        <br>
        这是下标<sub>下标</sub>下标
        <br>
        这是上标<sup>上标</sup>上标
        <br>
        H<sub>2</sub>O
        <br>
        10<sup>3</sup>
    </body>
</html>
```

在 IE 浏览器中打开此网页，效果如图 2-4 所示。

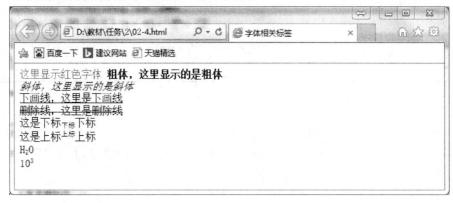

图 2-4　字体属性和相关字体标签

三、水平线标签<hr>

网页中经常会使用水平线将段落与段落分隔，使文字编排更加整齐，文档更加清晰。<hr>是水平线标签，是单独使用的标签。通过设置<hr>标签的属性值，可以控制水平线的样式，<hr>的具体属性和用法如表 2-3 所示。

表 2-3　<hr>标签属性

属 性 名	说　明	单　位	默 认 值
size	设置水平线的粗细	pixel（像素）	2
width	设置水平线的宽度	pixel（像素）、%	100%
color	设置水平线的颜色		black
align	设置水平线的对齐方式		center

四、图像标签<img>

1．图像标签

图像是网页中最常用的对象之一，制作精美的图像可以大大增强网页的视觉效果，令网页更加多姿多彩。在网页中恰当地使用图像，能够极大地吸引用户的眼球。因此，合理利用图像，是网页设计的关键。

网页中常用的图像格式有 3 种，即 GIF、JPEG 和 PNG。目前，GIF 和 JPEG 文件格式的支持最好，大多数浏览器都可以查看这两种格式的文件。由于 PNG 文件具有较大的灵活性而且文件较小，所以它几乎对于任何类型的网页图像都是合适的。

网页中插入图片用单标签<img>，当浏览器读到<img>标签时，会显示此标签所设定的图像，同时可以配合其他属性来对图片进行修饰。<img>标签属性如表 2-4 所示。

表 2-4　<img>标签属性

属 性 名	说　明	基 本 语 法
src	图像的 URL 的路径	<img src="file_name">
alt	图像不能显示时的替换文本	<img src="file_name" alt="文字说明">
width	设置图像的宽度	<img src="file_name" width=value height=value>
height	设置图像的高度	
border	设置图像边框（默认值无）	<img src="file_name" border=value>
hspace	设置图像左侧和右侧的空白	<img src="file_name" hspace =value vlign =value>
vlign	设置图像顶部和底部的空白	
align	图像和文字之间的对齐方式	<img src="file_name" align=value>

2．相对路径和绝对路径

网页制作过程中要用到很多图像，在实际工作中，通常会专门建立一个 images 的文件夹来放置所用到的图像，因此采用"路径"的方式来指定图像文件的位置。HTML 有两种路径的写法，绝对路径和即相对路径。

（1）绝对路径

绝对路径一般指带有盘符的路径，例如"D:/教材/任务/01/images/2.png" />"，或者完整的网络地址"http://www.duote.com/images/2.png"。

（2）相对路径

以引用文件之网页所在位置为参考基础，而建立出的目录路径。因此，当保存于不同目录的网页引用同一个文件时，所使用的路径将不相同，故称之为相对。相对路径不带有盘符。比如相对路径地址 "<img src="images/2.jpg" />"。

任务实现

本任务将文字段落、水平线和图片进行混排，通过 HTML 的页面的基本布局，实现图文混排，完成港城风光网站的花果山页面，以及连岛、孔雀沟、渔湾、东海玉兰花等展示页面。任务实现步骤如下：

1．HTML 的基本结构文档编写

启动 Dreamweaver，新建 HTML 文档，HTML 的基本结构如下：

```
<html >
    <head>
    <meta http-equiv="Content-Type" content="text/html; charset=utf-8" />
    <title>港城风光花果山</title>
    </head>
    <body>
    </body>
</html>
```

2．花果山页面的图文混排

代码如下：

```
<p>
<img src="images/logo.png" alt="连云港风光" />
</p>
<p align="right"> 首页 花果山 连岛 孔雀沟 渔湾 东海玉兰花</p>
<hr  size="1" color="#7d4203" />
<img src="images/huaguoshan.png"  alt="花果山水帘洞"  width="300px" height=
"150px" border="2" hspace="20px" vspace="20px" align="right"/ >
<h3 >花果山水帘洞</h3>
<p>        花果山水帘洞是我国各地风景旅
游区景点。全国水帘洞有:江苏省连云港市花果山水帘洞、河南省桐柏山水帘洞、甘肃省武山县水帘洞、
福建省武夷山水帘洞、湖南省衡阳市南岳区水帘洞、广西百色市靖西县湖润镇水帘洞、贵州省安顺镇宁
布依族苗族自治县水帘洞、山西娄烦花果山水帘洞等。
<br />
        花果山位于连云港市南云台山中麓。
唐宋时称苍梧山，亦称青峰顶，为云台山脉的主峰，是江苏省诸山的最高峰。 李白:"明日不归沉碧海,
白云愁色满苍梧。"与苏轼:"郁郁苍梧海上山,蓬莱方丈有无间",写的都是云台山。被誉为:"海内四
大名灵"之一。</p>
<hr  size="1" color="#7d4203" />
<p align="center">&copy;版权所有: 连云港风光旅游</p>
```

3. 其他页面 HTML 代码编写

连岛、孔雀沟、渔湾、东海玉兰花页面采用相同的页面布局，只需要在修改网页主题部分的相关内容，以连岛页面为例，代码如下：

```
<body>
<p>
<img src="images/logo.png" alt="连云港风光" />
</p>
<p align="right"> 首页 花果山 连岛 孔雀沟 渔湾 东海玉兰花 </p>
<hr size="1" color="#7d4203" />
<img src="images/liandao.png" alt="连岛海滨浴场" width="300px" height="150px"
border="2" hspace="20px" vspace="20px" align="right"/ >
<h3 >连岛海滨浴场</h3>
<p>        连岛海滨浴场，是江苏省最大的
天然优质海滨浴场，又称苏马湾。主要由大沙湾浴场和苏马湾浴场两部分组成。连岛景区集山、海、林、
石、滩及人文景观于一体，是国家级的云台山风景名胜区的重要组成部分。
<br />
       游大海、尝海鲜、度假观光的好去处。
每年七到八月连云港之夏的主会场。在此期间，这里将举办形式多样、观赏性强的沙滩、海上、空中游
乐活动。白天有摩托艇大赛，俄罗斯歌舞表演，沙滩时装模特表演，高空飞车表演等。夜晚有"海港之
夜"游海活动和连云港之夏纳凉晚会</p>
<hr size="1" color="#7d4203" />
<p align="center">&copy;版权所有：连云港风光旅游</p>
</body>
```

在 IE 浏览器中打开此网页，效果如图 2-5 所示。

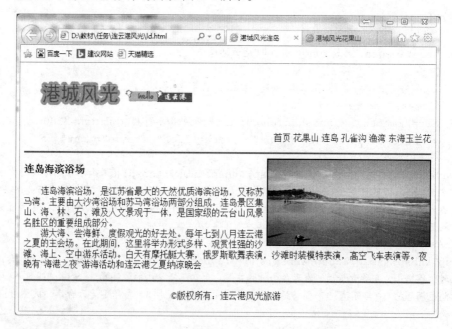

图 2-5　港城风光—连岛

其他页面布局方法类型不再一一介绍，具体代码文件位于素材"单元 2\gcfg\"文件夹中。

1．特殊字符

网页中经常包含一些特殊字符的文本，在上面的任务中使用字符"&copy"实现版权信息，使用" "实现空白字符效果等。我们经常使用特殊字符，可以将键盘上没有的特殊字符表达出来，有些字符如"<"虽然可以通过键盘输入，但是浏览器在解析网页文档时就会报错，所以 HTML 为这些特殊字符准备了专门的字符代码。如表 2-5 所示。

表 2-5　常见特殊字符

特殊字符	字符代码	特殊字符	字符代码
空格		×	&times
<	&lt	®	&reg
>	&gt	©	&copy
&	&amp	"	&quot

特殊字符的添加：在设计视图下方，单击"文本"插入面板，然后单击"字符"按钮右侧的下拉按钮，如图 2-6 所示，在展开的下拉列表中可看到 Dreamweaver 中的特殊符号，或者在代码视图中，按键盘上的&键即可出现相应的特殊符号。

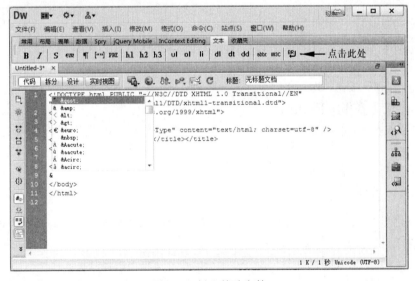

图 2-6　插入特殊字符

2．网页文件基本操作

网页文件的新建操作如下：

① 启动 Dreamweaver CS6 软件，打开项目创建窗口。

② 在菜单栏中执行"文件 | 新建"命令，打开"新建文档"对话框，在"空白页"的"页面类型"项目列表中选择"HTML"，然后在右边的"布局"列表中选择需要的布局，如图 2-7 所示。

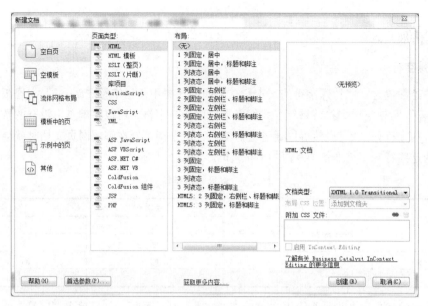

图 2-7　"新建文档"对话框

③ 单击"创建"按钮，新建 HTML 网页文件，创建一个空白的 HTML 网页文件。

网页文件的保存操作如下：

① 在菜单栏中执行"文件"|"保存"命令。

② 在出现的对话框中，为网页文件选择存储的位置和文件名，并选择保存类型，如 HTML Documents。文件名不要使用特殊符号，尽量不要使用中文名称。

③ 单击"保存"按钮，即可将网页文件保存。

网页文件的打开操作如下：

① 在菜单栏中执行"文件"|"打开"命令，在"打开"对话框中选择要打开的网页文件。

② 单击"打开"按钮，即可在 Dreamweaver 中打开网页文件。

3．页面属性设置

网页建立之后需要对网页的页面属性进行设置。页面属性设置包括页面布局和格式设置。调用"页面属性"对话框方式有如下 4 种。

方法 1：右击空白页面中的任意位置，在弹出的快捷菜单中选择"页面属性"命令。

方法 2：执行菜单"修改"|"页面属性"命令。

方法 3：在键盘上按【Ctrl+J】组合键。

方法 4：在网页"属性"检查器中单击"页面属性"按钮。

"页面属性"对话框包括页面的外观、标题、链接和跟踪图像等选项（见图 2-8），在此对话框中主要可以进行以下设置。

① 设置页面标题：在"标题/编码"界面可以更改标题、文档类型、编码等。图 2-9 中设置了网页的标题为：港城风光连岛。

图 2-8　"页面属性"对话框"外观"设置

图 2-9　"页面属性"对话框"标题/编码"设置

② 背景图像和颜色：单击"背景图像"文本框右侧的"浏览"按钮，查找并选择背景图像文件，或在其文本框中输入图像文件的路径及名称；设置背景颜色，单击"背景颜色"色盘按钮，在弹出的色盘中选择背景颜色，或者在其右侧的文本框中输入颜色的十六进制代码。

③ 文本颜色：在"外观"可以设置页面使用的默认文本颜色。图 2-8"页面属性"中设置了文字大小为 9 pt，文本的颜色为黑色（#0000000），背景颜色为蓝色（#0000ff）。

④ 链接：可以设置超链接的外观、格式。

4．为网页添加文本

在 Dreamweaver 中可以输入普通文字，也可以输入特殊字符。文本的输入如同在 Word 文档中输入文本一样简单，可以复制和粘贴文本，也可以从其他文档中导入 HTML 中。具体操作如下：

① 启动 Dreamweaver CS6 软件，新建网页文件，切换到设计视图。

② 将鼠标指针放置在要输入文本的位置，输入文本。

③ 选定输入的文本，可以在【属性】面板中对文本的大小、字体和颜色等进行设置。如图 2-10 所示。

直接输入文本可以实现自动换行，按 Enter 键可以开始新的段落，代码视图中会自动添加段落（<p></p>）标签。按 Shift+Enter 组合键可以直接换行，会自动添加
标签。

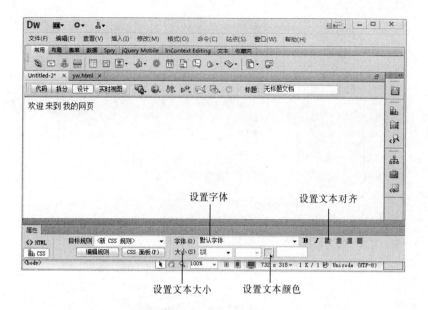

图 2-10 设计视图添加文本

当网页中输入了大量的文字，可以设置简单的段落格式。执行"格式"|"段落格式"命令，或者在"属性"面板的"格式"下拉列表中选择段落格式，如图 2-11 所示。

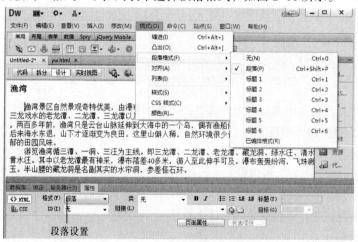

图 2-11 段落设置

5．为网页添加图像

在 Dreamweaver 中插入图像的方法是执行"插入"|"图像"命令，或者在"插入"面板类别中单击"图像"按钮。

选中插入的图像，在"属性"面板中设置图像的属性，"属性"面板如图 2-12 所示。

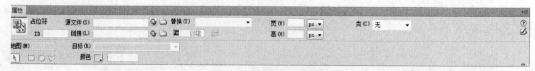

图 2-12 图像属性面板

① 宽（W）、高（H）：重新设置图片的宽度和高度。注意这里设置的只是在浏览器中显示的尺寸，而不是真正调整了图像的大小。

② 源文件（Src）：指定图片的来源，可以直接输入图片的文件地址或是单击按钮，选择图片文件。

③ 链接（Link）：用于制作超链接。

④ 替换（Alt）：设置图片文字说明，在浏览时，把鼠标指针放在图片上，会显示该文字。

⑤ 地图（Map）：也用于制作超链接。

⑥ 目标（Target）：以图片作超链接时，此处可以设置链接的目标框架。

任务2　表格的使用

任务描述

表格在网页中可以表现出 Word 中的表格效果，可以用来展示一些数据。表格由许多单元格组成，表格中可以放置图像、文本和多媒体对象等，从而能够有效整齐地控制内容的排列。Word 中要表现的表格效果要在网页中显示，就需要 HTML 中的表格标记。表格标记不仅仅用于表现表格中的效果，还可以用表格来给网页布局，布局中的表格是不需要表格中的边框的，需要对表格进行设置。

本任务将使用表格布局完成"港城风光"首页，从而使页面中的文字、段落和图片等内容更加整齐美观，并通过链接实现相关页面的链接。首页页面效果如图 2-13 所示。

图 2-13　港城风光网站首页面

知识准备

一、表格

1. 表格基本结构（<table>）

表格常用来对页面进行排版布局，一般通过表格标签<table>、行标签<tr>和单元格标签<td>来构建表格。其语法形式如下：

```
<table>        //用于定义一个表格的开始
 <tr>          //定义表格的一行，一组行标签内可以建立多组<td>单元格
```

```
    <td>…</td>    //定义表格的单元格，一组<td>标签建立一个单元格
  </tr>
</table>            //用于定义一个表格的结束
```

【例2-4】HTML 代码如下（代码文件位于素材"第 2 单元\02-04.html"）。

```
<body>
下面是一个 2 行 2 列的表
<table >
  <tr>
    <td>这里是第一行的第 1 个单元</td>
    <td>这里是第一行的第 2 个单元</td>
  </tr>
  <tr>
    <td>这里是第二行的第 1 个单元</td>
    <td>这里是第二行的第 2 个单元</td>
  </tr>
</table>
</body>
```

在 IE 浏览器中打开此网页，效果如图 2-14 所示。

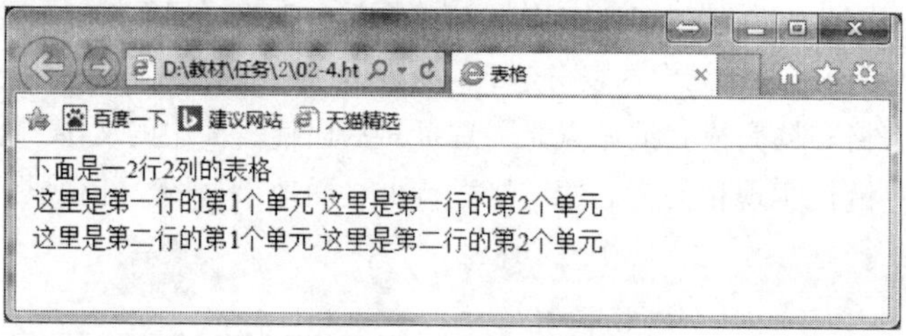

图 2-14　添加表格

2. 表格标签的属性

Table 对象代表一个 HTML 表格。在 HTML 文档中，<table> 标签每出现一次，一个 Table 对象就会被创建。表格标签<table >有很多属性，最常用的属性如表 2-6 所示。

表 2-6　<table>标签常用属性

属　性	描　述
align	表在文档中的水平对齐方式。（已废弃）
bgColor	表的背景颜色。（已废弃）
border	设置或返回表格边框的宽度
caption	对表格的 <caption> 元素的引用
cellPadding	设置或返回单元格内容和单元格边框之间的空白量
cellSpacing	设置或返回在表格中的单元格之间的空白量
frame	设置或返回表格的外部边框
id	设置或返回表格的 id
rules	设置或返回表格的内部边框（行线）
summary	设置或返回对表格的描述（概述）
tFoot	返回表格的 tFoot 对象。如果不存在该元素，则为 null
tHead	返回表格的 tHead 对象。如果不存在该元素，则为 null
width/height	设置或返回表格的宽度/高度

【例 2-5】表格标题的应用，HTML 代码如下（代码文件位于素材"第 2 单元\02-05.html"）。

```
<table border="1"  align="center" width="50%" height="50">
<caption>工资收入表</caption>
  <tr>
    <td>工号</td>
    <td>姓名</td>
    <td >基本工资</td>
    <td >奖励工资</td>
    <td>扣除</td>
    <td >实发工资</td>
  </tr>
  <tr>
    <td>001</td>
    <td>张三</td>
    <td>3000.00</td>
    <td>1000.00</td>
    <td>500.00</td>
    <td>3500.00</td>
  </tr>
</table>
```

在 IE 浏览器中打开此网页，效果如图 2-15 所示。

图 2-15　表格标题标签属性设置

3．表格行的设置

行标签是<tr></tr>，一个表格由几行组成，就需要几对行标签。行标签用它的属性值进行修饰。<tr>标签有很多属性，最常用的属性如表 2-7 所示。

表 2-7　<tr>标签常用属性

属　性	描　　　述
align	行内容的水平对齐方式，值可以是 left、center、right
valign	行内容的垂直对齐方式，值可以是 top、middle、bottom
bgcolor	行的背景颜色
bordercolor	行的边框颜色

【例 2-6】表格行的控制，HTML 代码如下（代码文件位于素材"第 2 单元\02-06.html"）。

```
<table  frame="hsides" border="1"  align="center" width="50%" height="50">
<caption>工资收入表</caption>
  <tr align="center"  bgcolor="#993333" bordercolor="#FFCC00">
```

```
    <td>工号</td>
    <td>姓名</td>
    <td >基本工资</td>
    <td >奖励工资</td>
    <td>扣除</td>
    <td >实发工资</td>
  </tr>
  <tr>
    <td>001</td>
    <td>张三</td>
    <td>3000.00</td>
    <td>1000.00</td>
    <td>500.00</td>
    <td>3500.00</td>
  </tr>
</table>
```

在 IE 浏览器中打开此网页，效果如图 2-16 所示。

图 2-16　表格行的控制

4．表格单元格的设置

HTML 表格有两类单元格：表头单元格，由<th>标签定义；标准单元格，由标签<td>定义。<th>标签用于插入表头，其中的文字以粗体显示。数据标签<td>必须嵌套在<tr>标签内，标签包含的内容就是位于该单元格内的内容，<th>和<tr>标签的属性一样。<th>、<td>标签常见的属性值如表 2-8 所示。

表 2-8　<th>、<td>标签常用属性

属　性	描　　述
Width/height	单元格的宽和高
align	单元格内容的水平对齐方式，值可以是 left、center、right
valign	单元格内容的垂直对齐方式，值可以是 top、middle、bottom
bgcolor	单元格的背景颜色
bordercolor	单元格的边框颜色
background	单元格的背景图片
colspan	单元格向右横跨的列数
rowspan	单元格向下跨越的行数

【例 2-7】设置跨多行多列单元格，HTML 代码如下（代码文件位于素材"第 2 单元\02-07.html"）。

```
<table  frame="hsides" border="1"  align="center" width="50%" height="50">
<caption>工资收入表</caption>
  <tr align="center"  bgcolor="#993333" bordercolor="#FFCC00">
    <td width="9%" rowspan="2">工号</td>
```

```
  <td width="9%" rowspan="2">姓名</td>
  <td width="17%" rowspan="2" >基本工资</td>
  <td width="17%" rowspan="2" >奖励工资</td>
  <td colspan="2">扣除</td>
  <td width="17%" rowspan="2" >实发工资</td>
</tr>
<tr align="center"  bgcolor="#993333" bordercolor="#FFCC00">
  <td width="16%">迟到、早退</td>
  <td width="15%">请假</td>
</tr>
<tr>
  <td>001</td>
  <td>张三</td>
  <td>3000.00</td>
  <td>1000.00</td>
  <td>200.00</td>
  <td>300</td>
  <td>3500.00</td>
</tr>
<tr>
  <td>002</td>
  <td>张四</td>
  <td>3200.00</td>
  <td>1200.00</td>
  <td>200.00</td>
  <td>300</td>
  <td>3500.00</td>
</tr>
<tr>
  <td colspan="6" align="center">合计</td>
  <td>7000.00</td>
</tr>
</table>
```

在 IE 浏览器中打开此网页，效果如图 2-17 所示。

图 2-17　跨多行多列单元格

二、超链接

超文本链接通常简称为超链接；是 HTML 的一个最强大和最有价值的功能。链接是指文档中的文字或图像与另一个文档、文档的一部分或者一幅图像链接在一起。超链接是开发网站的基本技术，超链接能将千千万万个网页组织成一个个网站，它是 Web 的灵魂。网站中许许多多的网页就是通过超链接连成一体的。

1．超链接标签<a>

在 HTML 中创建超链接的标记为<a></a>，超链接有两个要素：设置为超链接的文本内容和超链接指向的目标地址。基本语法格式如下：

```
<a href="跳转目标" target="目标窗口的弹出方式" title="链接提示文字"></a>
```

其中，<a>标记是一个行内标记，用于定义超链接，href 和 target 为其常用属性。

- href：用于指定链接目标的 url 地址，当<a>标记使用 href 属性时，就具有了超链接的功能。
- target：target 属性也是放在起始标签里，表示所链接的网页在浏览器中的打开方式，后面接一个参数，其值可以是其中的一种：_blank、_parent、_self、_top，链接目标窗口的属性如表 2-9 所示。
- title：用于指定当鼠标悬停在超链接上显示的文字提示。

表 2-9　链接的目标窗口的属性

属 性 值	描　　述
_parent	将要链接的文件载入含有该链接框架的父框架集或父窗口中
_blank	在新浏览器窗口中打开网页
_self	在同一框架或窗口中打开所链接的文档
_top	在当前的整个浏览器窗口中打开所链接的文档，会删除所有框架

【例 2-8】超链接的应用示例，HTML 代码如下（代码文件位于素材"第 2 单元\02-08.html"）。

```
<body>
这是一个文字链接：
<a href="http://www.lygtc.net.cn" target="_blank" title="连云港职业技术学院网站文字链接">连云港职业技术学院</a>
<br/>
这是一个图片链接：
<a href="http://www.lygtc.net.cn" target="_blank" title="连云港职业技术学院网站图片链接"><img src="校标3.gif" width="120" height="120" /></a>
</body>
```

在 IE 浏览器中打开此网页，效果如图 2-18 所示。

图 2-18　超链接的应用

2．书签链接

超链接既可以链接跳转到其他页面，也可以在本页面内链接跳转。当创建的网页文档内容很长的时候，可以通过书签链接到页面中的具体位置，这种链接也称为网页内部的书签链接。书签链接方便打开网页直接指到某一段落，从而不用从上到下慢慢查找。

（1）建立书签

要实现网页内部的书签链接，需要先建立书签，只有通过建立的书签才可以对页面的内容进行引导和跳转。基本语法格式如下：

```
<a name="书签名称">文字</a>
```

其中，"书签名称"就是为链接跳转所创建的书签，"文字"是指设置连接后跳转的位置。

【例2-9】书签建立的应用示例，核心代码如下（代码文件位于素材"第2单元\02-09.html"）。

```
<body>
<h3 ><a name="first" ></a>花果山</h3>
…
<h3 ><a name="second" ></a>孔雀沟</h3>
…
<h3 ><a name="third" ></a>连岛</h3>
…
<h3><a name="fourth"></a>东海玉兰花</h3>
…
<h3 ><a name="fifth" ></a>渔湾</h3>
…
</body>
```

在以上代码中定义了5个书签，分别命名为 first、second、third、fourth、fifth。

（2）链接到同一页面的书签

书签建立好后，开始为制作的书签添加链接的内容。在代码前增加链接文字和链接地址，就能够实现同页面的书签的链接。基本语法格式如下：

```
<a href="#书签的名称">链接的文字</a>
```

其中，"书签的名称"就是刚才定义的书签名，也就是 name 的赋值；"#"代表这个书签的链接地址。

【例2-10】书签链接的应用示例，核心代码如下（代码文件位于素材"第2单元\02-10.html"）。

```
<body>
<h1 >连云港风光</h1>
<hr />
 <p><a href="#first">花果山</a></p>
 <p><a href="#second">孔雀沟</a></p>
 <p> <a href="#third">连岛</a></p>
 <p><a href="#fourth">渔湾</a></p>
 <p> <a href="#fifth">东海玉兰花</a></p>
 <hr />
…
</body>
```

（3）链接到不同页面的书签

书签链接还可以实现在不同页面中的链接跳转。与同一页面的书签链接不同的是，需要在链接之前增加文件所在位置，基本语法如下：

```
<a href="链接的文件地址#书签的名称">链接的文字</a>
```

【例2-11】不同页面的书签链接示例，核心代码如下（代码文件位于素材"第2单元\02-11.html"）。

```
<body>
 <h1 >连云港风光</h1>
<hr />
```

```
<p><a href="02-9.html#first">花果山</a></p>
<p><a href="02-9.html#second">孔雀沟</a></p>
<p> <a href="02-9.html#third">连岛</a></p>
<p><a href="02-9.html#fourth">渔湾</a></p>
<p> <a href="02-9.html#fifth">东海玉兰花</a></p>
<hr />
…
</body>
```

运行代码，效果如图 2-19 所示。单击其中链接如"连岛"，页面同样会调整到"02-10.html"中 third 的位置，如图 2-20 所示。

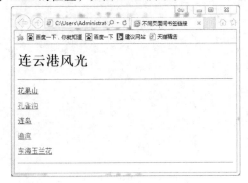

图 2-19　运行效果

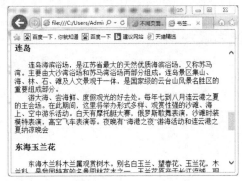

图 2-20　链接到不同页面的书签效果

3. 电子邮件链接

在网页中，当访问者单击某个链接以后，会自动打开电子邮件的客户端软件，如 Outlook、Foxmail 等，向某个特定的邮件地址发送邮件，这个链接就是电子邮件链接。电子邮件链接的格式是"mailto：电子邮件地址"。

【例 2-12】电子邮件链接示例的 HTML 代码如下（代码文件位于素材"第 2 单元\02-12.html"）。

```
<html>
<title>电子邮件链接</title>
</head>
<body>
 联系我们: <a href="mailto:lygqing320@163.com">给我们发送邮件</a>。
</body>
</html>
```

在 IE 浏览器中打开此网页，效果如图 2-21 所示。

图 2-21　电子邮件链接

4. 图像的热区链接

图像的超链接还有一种就是图像的热点区域。就是将一个图像划分出若干个链接区域，访问者单击不同的区域会链接到不同的目标页面。包含热区的图像也可以称为映射图像。要进行热区设置，首先需要在图像文件中设置映射图像名，基本语法格式为：

```
<img src="图像文件地址" usemap="映射图像名称">
```

也就是说，此时需要使用<img>标记的 usemap 属性，定义图像的映射图像名。然后，需要在图像中定义各个热区以及超链接，主要语法为：

```
<map name="=映射图像名称">
<area shape="热区形状 1="coords="=热区坐标 1" href="链接地址 1"> =<area shape=
"=热区形状 2=" coords ="=热区坐标 2" href="=链接地址 2" > <area shape="=热区
形状 n" coords ="热区坐标 n=" href="链接地址 n">
</map>
```

以上语法中，<map>标记用于包含多个<area>标记，其中的"映射图像名称"就是在<img>标记中定义的名称。<area>标记则用于定义各个热区和超链接，它有两个重要属性：

① shape 属性：用来定义热区形状，它有 4 个值：default，默认值，为整幅图像；rect，矩形区域；circle，圆形区域；poly，多边形区域。

② coords 属性：用来定义矩形、圆形或多边形区域的坐标。它的格式如下：如果 shape="rect"，则 coords 包含四个参数，分别为 left、top、right 和 bottom，也可以将这四个参数看成矩形左上角和右下角顶点的坐标。

由于定义坐标比较复杂而且难以控制，所以在 Dreamweaver 软件制作网页时可以使用设计界面完成热点区域的设置。

三、列表

在 HTML 页面中，为了使网页更易读，经常需要将网页信息以列表的形式呈现，合理使用列表标签可以起到将提纲和文件按一定格式进行排列的作用。同时为了满足网页排版的需求，HTML 语言提供了 3 种常用的列表，分别为无序列表、有序列表和定义列表。

1. 无序列表<ul>

无序列表是网页中最常用的列表，之所以称为"无序列表"，是因为其各个列表项之间没有顺序级别之分，通常是并列的。

定义无序列表的基本语法格式如下：

```
<ul>
    <li>列表项 1</li>
    <li>列表项 2</li>
    <li>列表项 3</li>
        ......
</ul>
```

在上面的语法中，<ul></ul>标记用于定义无序列表，<li></li>标记嵌套在<ul></ul>标记中，用于描述具体的列表项，每对<ul></ul>中至少应包含一对<li></li>。

<ul>和<li>都拥有 type 属性，用于指定列表项目符号。在无序列表中 type 属性的常用值有三个，属性 type 如表 2–10 所示。

<ul>如果不使用其项目标签<li>的 type 属性值，默认的项目符号为"实心圆"

【例 2-13】无序列表的 HTML 代码如下（代码

表 2-10　无序类表标签的 type 属性

Type 类型	描　　述
type="circle"	空心圆
type="disc"	实心圆
type="square"	小方块

文件位于素材"第 2 单元\02-13.html")。

```
<html>
<title>无序列表</title>
</head>
    <body>
        中国名胜古迹:
            <ul >
                <li>北京故宫</li>
                <li>苏州园林</li>
                <li>杭州西湖</li>
                <li>安徽黄山</li>
            </ul>
</body>
</html>
```

在 IE 浏览器中打开此网页,效果如图 2-22 所示。

注意:在实际应用中通常不使用无序列表的 type
属性,一般通过 CSS 样式属性替代。

2. 有序列表<ol>

有序列表即为有排列顺序的列表,其各个列表项按照
一定的顺序排列。有序列表和无序列表的语法格式基本相
同,定义有序列表的基本语法格式如下:

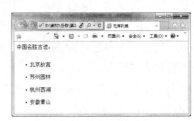

图 2-22　无序列表

```
<ol>
    <li>列表项 1</li>
    <li>列表项 2</li>
    <li>列表项 3</li>
......
</ol>
```

在上面的语法中,<ol></ol>标记用于定义有序列表,<li></li>为具体的列表项,和无序列表
类似,每对<ol></ol>中也至少应包含一对<li></li>。

列表中的具体数据项以<li>元素来罗列,<ol>元素中的<li>元素标记的项目数据默认前面会加
上"1,2,3……"作为项目编号,项目符号可由<ol>元素的 type 属性来决定,编号的起始值可由
<ol>元素的 start 属性决定,有序列表 type 属性值如表 2-11 所示。

表 2-11　有序类表标签的 type 属性

属　性	值	描　述
type	预设值为 1	设置项目编号的种类: 1 表示项目编号为阿拉伯数字整数(1,2,3…) a 表示小写字母(a,b,c…)作编号 A 表示使用大写字母(A、B、C…) i 表示使用小写罗马数字(i,ii,iii…) I 表示使用大写罗马数字(I,II,III…)
start	正整数 1	规定项目符号的起始值,结合 type 属性使用,默认值为 1,即从 1 开始。英文字母和罗马数字也适用,如 3 表示从 III 开始

【例 2-14】有序列表的 HTML 代码如下(代码文件位于素材"第 2 单元\02-14.html")。

```
<html>
<title>无序列表</title>
</head>
    <body>
        港城风景:
            <ol
                <li>花果山</li>
                <li>海滨浴场</li>
                <li>渔湾风景</li>
                <li>玉兰花</li>
            </ol>
        港城风景:
            <ol type="I" start="2">
                <li>花果山</li>
                <li>海滨浴场</li>
                <li>渔湾风景</li>
                <li>玉兰花</li>
            </ol>
</body>
</html>
```

在 IE 浏览器中打开此网页，效果如图 2-23 所示。

图 2-23　有序列表

3．定义列表<dl>、<dt>、<dd>

定义列表常用于对术语或名词进行解释和描述，与无序和有序列表不同，定义列表的列表项前没有任何项目符号。

定义列表的基本语法格式如下：

```
<dl>
<dt>名词 1</dt>
    <dd>名词 1 解释 1</dd>
    <dd>名词 1 解释 2</dd>
    ...
    <dt>名词 2</dt>
    <dd>名词 2 解释 1</dd>
    <dd>名词 2 解释 2</dd>
    ...
</dl>
```

<dl></dl>标记用于指定定义列表，<dt></dt>和<dd></dd>并列嵌套于<dl></dl>中，其中，

<dt></dt>标记用于指定术语名词，<dd></dd>标记用于对名词进行解释和描述。一对<dt></dt>可以对应多对<dd></dd>，即可以对一个名词进行多项解释。

【例 2-15】定义列表的 HTML 代码如下（代码文件位于素材"第 2 单元\02-15.html"）。

```
<html>
<title>无序列表</title>
</head>
    <title>定义列表</title>
</head>
    <body>
    <dt>比喻</dt>
    <dd>根据事物的相似点，用具体的、浅显、熟知的事物来说明抽象的、深奥的、生疏的事物，即
打比方。</dd>
        <dt>拟人</dt>
    <dd>把物当作人来写，赋予物以人的言行或思想感情，用描写人的词来描写物。作用:使具体事物
人格化，语言生动形象。</dd>
    </body>
</html>
```

在 IE 浏览器中打开此网页，效果如图 2-24 所示。

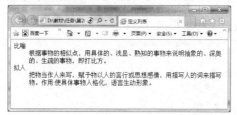

图 2-24　定义列表

任务实现

本任务将使用表格和列表布局完成"港城风光"首页，从而使页面中的文字、段落和图片等内容更加整齐美观。任务实现步骤如下：

1. HTML 基本文档和 table 布局

启动 Dreamweaver，新建 HTML 文档，HTML 基本文档和 table 布局结构如下：

```
<html >
<head>
<meta http-equiv="Content-Type" content="text/html; charset=utf-8" />
<title>港城风光</title>
</head>
<body>
<table align="center" width="800" border="1" cellspacing="0" cellpadding="0">
  <tr>
    <td>
<table width="100%" border="0" align="center" cellpadding="0" cellspacing="0"
id="b">
  <tr>
    <td colspan="3" rowspan="2"> </td>
    <td> </td>
```

```
  </tr>
  <tr>
   <td> </td>
  </tr>
  <tr>
   <td> </td>
   <td> </td>
   <td> </td>
   <td> </td>
  </tr>
  <tr>
   <td> </td>
   <td> </td>
   <td> </td>
   <td> </td>
  </tr>
  <tr>
   <td colspan="4"> </td>
  </tr>
</table>
</td>
  </tr>
</table>
</body>
</html>
```

2. index 页面的图文混排

代码如下：

```
<body>
<table align="center" width="800" border="1" cellspacing="0" cellpadding="0">
  <tr>
   <td>
<table width="100%" border="0" cellspacing="0" cellpadding="0" >
  <tr>
   <td colspan="3"><img src="images/logo.png"  /></td>
   <td align="right" valign="top" >联系我们 港城交通 港城美食</td>
  </tr>
  <tr>
   <td colspan="4" align="right" >网站首页 花果山 渔湾连岛 孔雀沟 东海玉兰花</td>
  </tr>
  <tr>
   <td><img src="images/1.png"  /></td>
   <td><img src="images/2.png"  /></td>
   <td><img src="images/3.png"  /></td>
   <td><img src="images/4.png"  /></td>
  </tr>
  <tr>
   <td><img src="images/5.png"  /></td>
   <td><img src="images/6.png"  /></td>
   <td><img src="images/7.png"  /></td>
```

```
    <td><img src="images/8.png" /></td>
  </tr>
  <tr>
    <td colspan="4" align="center">&copy;版权所有：港城旅游</tr>
  </tr>
</table>
</td>
  </tr>
</table>
</body>
```

3. 为 index 页面添加超链接

（1）在 index 页面中，实现各页面的文字超链接。添加主要代码如下：

```
<a href="index.html">网站首页</a><a href="hgs.html" target="_blank">花果山</a>
<a href="ld.html" target="_blank">连岛</a> <a href="kqg.html"
target="_blank">孔雀沟</a> <a href="yw.html" target="_blank">渔湾</a> <a
href="ylh.html" target="_blank">东海玉兰花</a>
```

（2）在 index 页面中，为联系我们添加邮件链接。添加主要代码如下：

```
<a href="mailto:lygqing320@163.com">联系我们</a>
```

（3）在 index 页面中，为图片添加链接，实现页面之间的链接，以图片 2 为例。添加主要代码如下：

```
<a href="hgs.html"><img src="images/2.png" /></a>
```

4. 实现相关页面之间的超链接

依次打开 hgs.html、ld.html、kqg.html、yw.html 和 ylh.html 等网页，添加主要代码如下：

```
<a href="index.html">网站首页</a><a href="hgs.html" target="_blank">花果山</a>
<a href="ld.html" target="_blank">连岛</a> <a href="kqg.html" target="_blank">
孔雀沟</a> <a href="yw.html" target="_blank">渔湾</a> <a href="ylh.html"
target="_blank">东海玉兰花</a>
```

具体代码文件位于素材"第 2 单元\任务 2\"文件夹中。

任务拓展

1. 使用 Dreamweaver 创建表格

① 启动 Adobe Dreamweaver CS6 软件，单击欢迎界面窗口中的"新建 HTML"按钮，创建一个新的空白网页文档，切换到设计界面。

② 单击菜单"插入"|"表格"，会弹出一个"表格"对话框，填入所需要的几行几列表格，设置宽度、高度等的参数，单击"确定"按钮即可，如图 2-25 所示。

③ 选中表格，在"属性"面板中会有各种参数，如图 2-26 所示同样选择行或单元格，会出现相应的属性面板，如图 2-27 和图 2-28 所示。

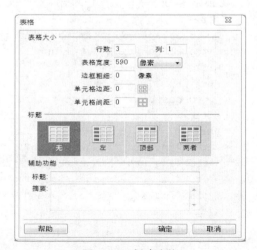

图 2-25　创建表格

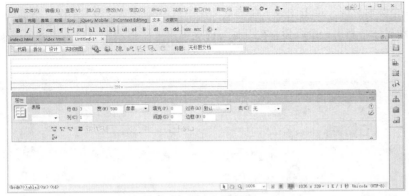

图 2-26　表格属性

图 2-27　行属性

图 2-28　单元格属性

2. 使用 Dreamweaver 创建热区

① 启动 Adobe Dreamweaver CS6 软件，单击欢迎界面窗口中的"新建 HTML"按钮，创建一个新的空白网页文档，切换到设计界面。

② 单击主菜单中的"插入"|"图像"，插入图像"热区图片.png"，图像素材位于"第 2 单元"中。插入图像成功后单击图像查看属相栏，如果没有打开属性栏可以单击窗口下的属性，快捷键【Ctrl+F3】。

③ 属性栏打开后，在下面的区快就是热点地图的功能区，图像热点工具分别有矩形，椭圆和多边形工具，使用这些工具可以在图像上绘矩形热点、椭圆热区和多边形热点，如图 2-29 所示。

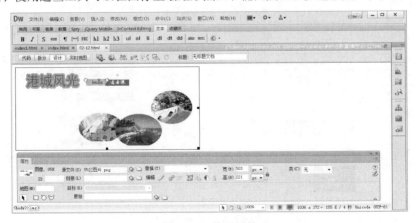

图 2-29　热区属性

④ 画一个圆形热区。单击图像，在热点工具中点击圆形工具即"地图"下面的第二个图标，在图像上拖动鼠标绘制出一个圆形，松开鼠标时会弹出一个提示框，单击"确定"按钮即可，如图 2-30 所示。

图 2-30　创建圆形热区

画好之后填写热区的相关信息：地图，填写当前热区的名称；链接；单击时跳转的链接。

课 后 实 训

1．中国古都介绍

实训目的

① 熟练掌握文本标记的应用。
② 熟练掌握图像标记的应用。

实训内容

纯文本看着会很枯燥，而图片的加入能够刺激读者的感官，引发阅读兴趣。这就体现了图像与文本配合的重要性。利用文本和图像制作一个中国古都城市的展示效果，完成效果如图 2-31 所示。

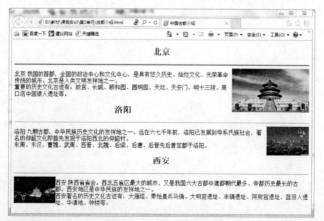

图 2-31　中国古都介绍

2．SPA 女子会所

实训目的

① 掌握表格标记及其相关属性。

② 掌握合并和拆分单元格的方法。

实训内容

制作网页时，为了使网页中的元素有条理地显示，经常需要使用表格对网页中的元素进行规划。同时，为了美化页面，常常会使用背景属性来对表格进行修饰。通过创建表格布局实现 SPA 女子会所网页，效果如图 2-32 所示。

图 2-32　SPA 女子会所效果图

单 元 小 结

网页设计并不是简单地将图像和文字混排就可以，它有可遵循的艺术准则和设计规律，也有网页设计所特有的属性和限制。这绝不是学好软件就能解决的问题，需要不断地制作、搜索、学习才能不断提高，最后掌握网页设计的视觉语言，才能制作出技术与艺术有效结合的网页。

使用 Dreamweaver 创建网页，除了手工编写 HTML 代码外，还可以通过 Dreamweaver 的图形化界面，单击相应的按钮和选择相应的命令，系统会自动添加相应的 HTML 代码。

单元3 ‖ HTML 高级应用

表单是交互式网站的一个很重要的应用，它可以实现网上投票、网上注册、网上登录、网上发信和网上交易等功能。表单的出现使网页从单向的信息传递发展到能够实现与用户交互对话。框架是 Web 网页的重要组成元素之一，页面可以通过框架实现布局，本章将主要介绍表单、框架和多媒体元素。

任务 1   表单页面设计

任务描述

在网页中，通常会使用表单来收集用户信息，并将这些信息传递给后台服务器，实现人机交互。同时，为了明确信息分类、便于用户操作，还会用到一系列的表单控件，用于定义不同的表单功能。为了便于初学者的理解和掌握，本任务通过一个网络报警登记表单来具体演示，最终实现效果如图 3-1 所示。

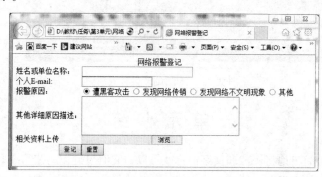

图 3-1   网络报警登记表单

知识准备

一、表单

1. 表单介绍

对于一般的网页设计初学者而言，表单功能不常用，因为表单通常必须配合 JavaScript 或服务器端的程序来使用，否则表单单独存在的意义并不大。

表单是 HTML 的一个重要组成部分，一般来说，网页通常会通过"表单"形式供浏览者输入数据，然后将表单数据返回服务器，以备登录或查询之用。

　　表单信息的处理过程为：当单击表单中的"提交"按钮时，表单中的信息就会传到服务器中，然后由服务器的相关应用程序进行处理，处理后或者将用户信息存储到服务器的数据库中，或者将有关的信息返回客户端浏览器上。

　　表单可以提供输入界面供浏览者输入数据，常见的应用如下。

　　（1）Web 搜索

　　例如，知名的百度、搜狗、google、Yahoo 等搜索网站都是利用表单所提供的输入界面让浏览者搜索信息，如图 3 – 2 所示。

图 3-2　搜索引擎

　　（2）问卷调查

　　网站通过问卷调查表单了解浏览者对某个问题的评价和建议，例如江苏省城乡居民体育消费调查表如图 3 – 3 所示。

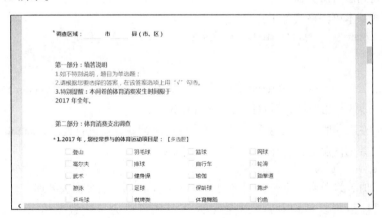

图 3-3　调查问卷

　　（3）注册用户

　　注册论坛、邮箱用户等，需在表单中输入用户名、密码、手机号码等信息，如图 3-4 所示。

　　（4）在线购物

　　进行网络购物时，用户可能要输入收货人姓名、送货地址等信息，如图 3-5 所示。

图 3-4　注册页面　　　　　　　　　图 3-5　在线购物

2. 表单定义

简单地说，"表单"是网页上用于输入信息的区域，它的主要功能是收集用户信息，并将这些信息传递给后台服务器，实现网页与用户的沟通。一个完整的表单通常由表单控件（也称为表单元素）、提示信息和表单域 3 个部分构成，对它们的具体解释如下：

① 表单控件：包含了具体的表单功能项，如单行文本输入框、密码输入框、复选框、提交按钮、重置按钮等。

② 提示信息：一个表单中通常还需要包含一些说明性的文字，提示用户进行填写和操作。

③ 表单域：它相当于一个容器，用来容纳所有的表单控件和提示信息，可以通过它定义处理表单数据所用程序的 url 地址，以及数据提交到服务器的方法。如果不定义表单域，表单中的数据就无法传送到后台服务器。

创建表单的基本语法格式如下：

```
<form action="url 地址" method="提交方式" name="表单名称">
    各种表单控件
</form>
```

在上面的语法中，<form>与</form>之间的表单控件是由用户自定义的，action、method 和 name 为表单标记<form>的常用属性，对它们的具体解释如下：

① action。在表单收集到信息后，需要将信息传递给服务器进行处理，action 属性用于指定接收并处理表单数据的服务器程序的 url 地址。例如：

```
<form action="form_action.asp">
```

表示当提交表单时，表单数据会传送到名为 "form_action.asp" 的页面去处理。

action 的属性值可以是相对路径或绝对路径，还可以为接收数据的 E-mail 邮箱地址。例如：

```
<form action=mailto:htmlcss@163.com>
```

表示当提交表单时，表单数据会以电子邮件的形式传递出去。

② method。method 属性用于设置表单数据的提交方式，其取值为 get 或 post。其中，get 为默认值，这种方式提交的数据将显示在浏览器的地址栏中，保密性差，且有数据量的限制，而 post 方式的保密性好，并且无数据量的限制，使用 method="post"可以大量提交数据。

③ name。name 属性用于指定表单的名称，以区分同一个页面中的多个表单。

【例 3-1】创建一个简单的表单，HTML 代码如下（代码文件位于素材"第 3 单元\03-01.html"）。

```html
<html>
  <head>
    <title>创建一个简单表单</title>
  </head>
  <body>
  <form action="http://www.mysite.cn/index.asp" method="post">   <!--表单域-->
    账号:                                 <!--提示信息-->
    <input type="text" name="zhanghao" />       <!--表单控件-->
    密码:                                 <!--提示信息-->
    <input type="password" name="mima" />       <!--表单控件-->
    <input type="submit" value="提交"/>
    <input type="reset" value="清除"/>          <!--表单控件-->
</form>
</body>
</html>
```

在 IE 浏览器中打开此网页，效果如图 3-6 所示。

图 3-6　简单表单效果

二、表单控件

1. 表单控件介绍

按照控件的填写方式不同，可以将其分为输入类控件和菜单列表类控件。输入类控件一般以 input 标签开始，说明这类控件需要用户输入数据。菜单列表类控件则以 select 开始，表示用户可以进行选择。

在 HTML 表单中，Input 参数是最常用的控件标签，包括最常见的文本域、按钮都是采用这个标签。基本语法如下：

```html
<form>
<input  name = "控件名称" type = "控件类型">
</form>
```

在这里，"控件名称"用于程序对不同控件进行区分，而"type"参数则确定控件域的类型。在 HTML 中，Input 表单类别如表 3-1 所示。

表 3-1　input 表单类别

属　性	说　明
input type="text"	单行文本输入框
input type="password "	密码输入框（输入的文字可以用*表示）
input type="radio "	单选按钮

续表

属　性	说　明
Input type="checkbox "	复选框
input type="button "	普通按钮
input type="submit "	提交按钮（将表单内容提交给服务器的按钮）
input type="reset "	重置按钮（将表单内容全部清除，重新填写的按钮）
input type="image "	图像形式的提交按钮
input type="hidden "	隐藏域
input type="file "	文件域

Input 标签的常用属性如表 3-2 所示。

表 3-2　Input 标签的常用属性

属　性	说　明	属　性	说　明
name	控件名称	size	指定控件的宽度
type	控件的类型	value	用于设定输入默认值
align	指定对齐方式	maxlength	单行文本时允许输入的最大字符数
src	插入图像的地址		

2．输入类表单控件

（1）单行文本输入框

单行文本输入框允许用户输入一些简短的单行信息，如用户姓名、年龄信息等。基本语法如下：

```
<input type="text" name="field_name"  maxlength=value size="value" value=
"field_value" />
```

其他属性含义如下：

① name：文字输入控件的名称。

② size：文字输入控件的显示宽度。

③ maxlength：文字输入控件的最大输入长度。

④ value：文字输入控件的默认值。

【例 3-2】设置表单中文本输入，HTML 代码如下（代码文件位于素材"第 3 单元\03-02.html"）。

```
<html>
<head>
    <title>设置表单中文本输入框</title>
</head>
<body>
<p>文本输入框:</p>
<form >   <!--表单域-->
    姓名:
    <input type="text" name="usename" size="14" /> <br /> <br />
    <!--添加一个长度为14的文本框-->
    年龄:
    <input type="text" name="uesage" size="14" maxlength="24"/> <br /><br />
<!--添加一个长度为14,最长字符数为24的文本框-->
    兴趣爱好:
```

```
    <input type="text" name="interests" size="14" maxlength="24"  value="爱
好跳舞"/> <br />
    <!--添加一个长度为14,最长字符数为24，默认显示为"爱好跳舞"的文本框-->
    </form>
</body>
</html>
```

在 IE 浏览器中打开此网页，效果如图 3-7 所示。

（2）密码输入框

当 type 属性设置为"password"时，就会产生一个密码输入框，它和文本输入框几乎完全相同，差别仅在于密码输入框在输入时会以圆点或星号来取代输入的文字。

基本语法如下：

```
<input type="password" name="field_name"  maxlength=value size="value" value=
"field_value" />
```

【例 3-3】设置密码输入框，HTML 代码如下（代码文件位于素材"第 3 单元\03-03.html"）。

```
<html>
<head>
    <title>设置密码输入框</title>
</head>
<body>
<p>密码输入框:</p>
<form >    <!--表单域-->
    登录密码:
    <input type="password" name="password1" size="8" /> <br /> <br />        <!--
添加一个长度8的密码输入框-->

    支付密码:
    <input type="password" name="password2" size="8" maxlength="20"/> <br
/><br />    <!--添加一个长度为8,最长字符数为20的密码输入框-->
  </form>
</body>
</html>
```

在 IE 浏览器中打开此网页，效果如图 3-8 所示。

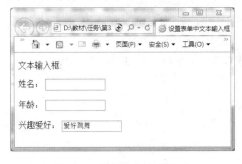

图 3-7　表单中文本输入框

图 3-8　密码输入框

（3）单选按钮

单选按钮通常是若干个选项在一起，供浏览者选择，一次只能选择一个，因此称为单选按钮。

基本语法如下：

```
<input type="radio" name="field_name"  value="value"  checked>
```

Checked 属性表示这一单选按钮默认被选中，在一组单选按钮中只有一个默认可以被选中。

【例 3-4】设置单选按钮，HTML 代码如下（代码文件位于素材"第 3 单元\03-04.html"）。

```
<html>
<head>
    <h3>一个完整的计算机系统包括: </h3>
<form  method="post">
 <p>
    <input type="radio" name="gender"  value="radio" >主机、键盘、显示器<br/>
    <input type="radio" name="gender"  value="radio">计算机及其外部设备<br/>
    <input type="radio" name="gender"  value="radio" >系统软件与应用软件<br/>
    <input type="radio" name="gender"  value="radio">计算机的硬件系统和软件系统
 </p>
</form>
</body>
</html>
```

在 IE 浏览器中打开此网页，效果如图 3-9 所示。

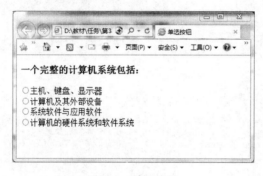

图 3-9 单选按钮

（4）复选按钮

复选按钮也是一组放在一起供浏览者点选，复选按钮允许用户在一组选项中选择一个或者多个。

基本语法如下：

```
<input type="checkbox" name="field_name" value="value" checked>
```

Checked 属性表示这一复选按钮默认被选中，在一组复选按钮中只有一个默认可以被选中。

【例 3-5】设置复选按钮，HTML 代码如下（代码文件位于素材"第 3 单元\03-05.html"）。

```
<html>
<head>
    <title>复选按钮</title>
</head>
<body>
<h3>下列说法正确的是: </h3>
<form  method="post">
 <p>
    <input type="checkbox"  name="gender"  value="radio" >检查本项目的裁切稿有
没有出现其他项目的名字<br/>
    <input type="checkbox"  name="gender"  value="radio">网站无效样式代码无须清
除，以便后期修改<br/>
```

```
    <input type="checkbox" name="gender"  value="radio" >检查裁切稿和设计稿的差
距。<br/>
    <input type="checkbox"  name="gender"  value="radio">检查裁切稿和设计稿的差距。
 </p></form>
</body>
</html>
```

在 IE 浏览器中打开此网页，效果如图 3-10 所示。

（5）普通按钮

表单中的按钮非常重要，按钮可以触发提交表单的动作，在用户需要时将表单恢复到初始状态，还可以根据程序的需要发挥其他用途。

表单中的按钮分为三类：普通按钮、提交按钮、重置按钮。其中，普通按钮本身没有指定特定的动作，需要配合 Javascript 脚本来进行表单处理。

基本语法如下：

```
<input type="button" name="value" id="button" value="value" onclick=
"处理程序">
```

value 的取值就是显示在按钮上面的文字，而在 button 中可以通过添加 onclick 参数来实现一些特殊的交互功能。onclick 参数是设置当鼠标按下按钮时所进行的处理。

【例 3-6】设置提交按钮，HTML 代码如下（代码文件位于素材"第 3 单元\03-06.html"）。

```
<html>
<head>
    <title>提交按钮</title>
</head>
<body>
<form method="post">   <!--表单域-->

    <input type="button"  name="button1" value="普通按钮"/>  <!--普通按钮-->
    <input type="button" name="button2"value="打开窗口" onclick="window.open()"/>
<!--普通按钮,单击打开窗口-->
    <input type="button" name="button3"value="关闭窗口" onclick="window.close()"/>
<!--普通按钮,单击关闭窗口-->


</form>
</body>
</html>
```

在 IE 浏览器中打开此网页，效果如图 3-11 所示。

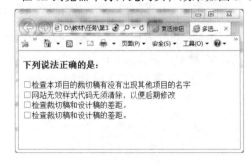

图 3-10　复选按钮

图 3-11　普通按钮

（6）提交按钮

提交按钮可以将表单中的信息提交给表单中的 action 所指向的文件。

基本语法如下：

```
<input type="submit" name="value" id="button" value="提交">
```

单击提交按钮时，可以实现表单的提交。value 的值代表在按钮上显示的文字。

（7）重置按钮

重置按钮可以将表单内容全部清除，恢复成默认的表单内容设定，重新填写。

基本语法如下：

```
<input type="reset" value="重置">
```

【例 3-7】设置重置按钮，HTML 代码如下（代码文件位于素材"第 3 单元\03-07.html"）。

```
<html>
<head>
    <title>提交按钮和重置按钮</title>
</head>
<body>
<h3>用户登录</h3>
<form method="post">    <!--表单域-->
    用户名                                          <!--提示信息-->
    <input type="text" name="usename" />  <br/>    <!--表单控件-->
    密码:                                           <!--提示信息-->
    <input type="password" name="mima" />   <br/>  <!--表单控件-->
    <input type="submit" value="提交"/>
    <input type="reset" value="重置"/>
 </form>
</body>
</html>
```

在 IE 浏览器中打开此网页，效果如图 3-12 所示。

（8）图片式提交按钮

当前，许多网页已经使用丰富的色彩，再使用传统的按钮形式往往会让人感觉单调，影响整体美感。这时可以使用图片式提交按钮。图片式提交按钮是指可以在提交按钮位置上放置图片，图片具有提交按钮的功能。

基本语法如下：

```
input type="image" src="图片路径"  alt="说明文字"
name="value"/
```

图 3-12　提交按钮和重置按钮

type="image"相当于 submit，不同的是，input type="image"以一幅图片作为表单的按钮；src 属性表示图片的路径；alt 属性表示鼠标指针在图片上悬停时显示的说明文字；name 为按钮名称。

【例 3-8】设置图片提交式按钮，HTML 代码如下（代码文件位于素材"第 3 单元\03-08.html"）。

```
<html>
<title>图片式提交按钮</title>
</head>
<body>


<form method="post">    <!--表单域-->
    用户名                                          <!--提示信息-->
```

```
<input type="text" name="usename" />  <br/>         <!--表单控件-->
密码:                                               <!--提示信息-->
<input type="password" name="mima" />   <br/>       <!--表单控件-->
<input type="image" src="login.gif"  alt="登录"/>
</form>
</body>
</html>
```

在 IE 浏览器中打开此网页，效果如图 3-13 所示。

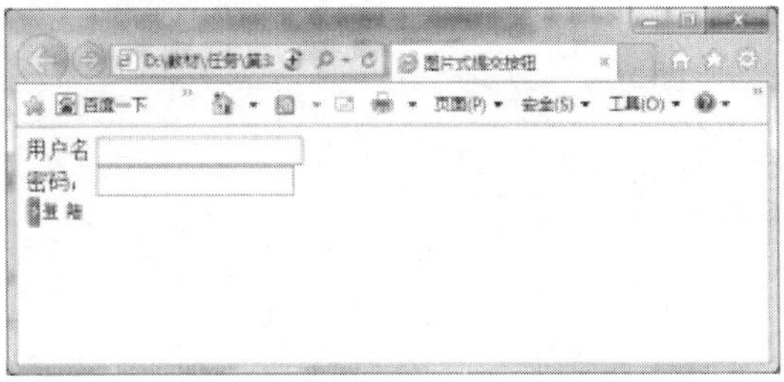

图 3-13　图片提交式按钮

（9）文件域

文件域可以填写硬盘中的文件路径，通过表单上传。文件域的外观是一个文本框加一个"浏览"按钮，用户既可以直接将要上传的文件路径填写到文本框中，也可以单击"浏览"按钮，在弹出的磁盘目录中找到要上传的文件。基本语法如下：

```
<input  type="reset" value= "重置" >
```

【例 3-9】设置文件域，HTML 代码如下（代码文件位于素材"第 3 单元\03-09.html"）。

```
<html>
<title>文件域</title>
</head>
<body>

<form  method="post">   <!--表单域-->
    请选择上传文件的路径:                              <!--提示信息-->
    <input type="file" name="usefile" />             <!--表单控件-->
                    <!--表单控件-->
    <input type="submit"   value="上传">
   </form>
</body>
</html>
```

在 IE 浏览器中打开此网页，效果如图 3-14 所示。

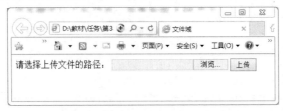

图 3-14　文件域的应用

3. 菜单列表类表单控件

菜单列表类表单控件主要用来选择给定答案项中的一种，这类选择往往答案较多，如果使用单选按钮相对会浪费空间。可以说，菜单列表类的控件主要是为了节省页面空间而设计的。菜单和列表都是通过<select>和<option>标签来实现。

下拉列表框是一种最节省空间的方式，正常状态下只能看到一个选项，单击下拉按钮打开列表后，才能看到全部选项。列表框可以显示一定数量的选项，如果超出了这个数量，会自动出现滚动条，浏览者可以通过拖动滚动条来查看各选项。通过<select>和<option>标签可以设计页面中的下拉列表框和列表框效果。

使用 select 控件定义下拉菜单的基本语法格式如下：

```
<select name="name" size="value" multiple>
    <option>选项 1</option>
    <option>选项 2</option>
    <option>选项 3</option>
    ...
</select>
```

值得一提的是，在 HTML 中，可以为<select>和<option>标记定义属性，以改变下拉菜单的外观显示效果，具体解释如下：

① <select>：

- size：指定下拉菜单的可见选项数（取值为正整数）。
- multiple：定义 multiple="multiple"时，下拉菜单将具有多项选择的功能，方法为按住【Ctrl】键的同时选择多项。

② <option>：

selected：定义 selected ="selected "时，当前项即为默认选中项。

【例 3-10】设置菜单列表，HTML 代码如下（代码文件位于素材"第 3 单元\03-10.html"）。

```
<html>
<head>
<title>select 控件</title>
</head>
<body>
<form action="#" method="post">
所在校区: <br />
    <select>                              <!--最基本的下拉菜单-->
        <option>-请选择-</option>
        <option>北京</option>
        <option>天津</option>
        <option>上海</option>
        <option>江苏</option>
        <option>成都</option>
    </select><br /><br />
特长（单选）:<br />
    <select>
        <option>绘画</option>
        <option selected="selected">唱歌</option>    <!--设置默认选中项-->
        <option>舞蹈</option>
    </select><br /><br />
爱好（多选）:<br />
    <select multiple="multiple" size="4">           <!--设置多选和可见选项数-->
        <option>读书</option>
```

```
    <option selected="selected">计算机</option> <!--设置默认选中项-->
    <option>旅行</option>
    <option selected="selected">听音乐</option> <!--设置默认选中项-->
    <option>运动</option>
  </select><br /><br />
  <input type="submit" value="提交"/>
</form>
</body>
</html>
```

在 IE 浏览器中打开此网页，效果如图 3-15 所示。

4. 文本域标签

文本域是一种特殊定义的文本样式，它与文字字段的区别在于可以添加多行文字，通过 textarea 控件可以轻松地创建多行文本输入框。

基本语法格式如下：

```
<textarea cols="每行中的字符数" rows="显示的行数">
    文本内容
</textarea>
```

在上面的语法格式中，cols 和 rows 为<textarea>标记的必须属性，其中，cols 用来定义多行文本输入框每行中的字符数，rows 用来定义多行文本输入框显示的行数，它们的取值均为正整数。

【例 3-11】设置多行文本域，HTML 代码如下（代码文件位于素材"第 3 单元\03-11.html"）。

```
<html>
<head>
<title>textarea 控件</title>
</head>
<body>
<form action="#" method="post">
用户留言: <br />
    <textarea cols="60" rows="6">
留言请遵纪守法并注意语言文明。
    </textarea><br /><br />
    <input type="submit" value="提交"/>
</form>
</body>
</html>
```

在 IE 浏览器中打开此网页，效果如图 3-16 所示。

图 3-15　菜单列表

图 3-16　多行文本域

任务实现

本任务将使用表格和列表布局完成"港城风光"首页，从而使页面中的文字、段落和图片等内容更加整齐美观。任务实现步骤如下：

① 定义表单域。

② 定义一个 7 行 2 列的表格。

③ 在第一列中依次输入提示信息。

④ 在第二列中依次添加相应的表单控件。

HTML 文档结构如下：

```html
<html >
<head>
<meta http-equiv="Content-Type" content="text/html; charset=utf-8" />
<title>网络报警登记</title>
</head>


<body>
<form action="#" method="post" enctype="multipart/form-data">
<table border="0" align="left" cellpadding="0" cellspacing="0">
 <tr>
   <td colspan="2" align="center">网络报警登记</td>
 </tr>
 <tr>
   <td width="23%" align="left">姓名或单位名称: </td>
   <td width="77%"><label for="textfield"></label>
     <input name="textfield" type="text" size="35" /></td>
 </tr>
 <tr>
   <td align="left">个人 E-mail:</td>
   <td><label for="textfield2"></label>
     <input type="text" name="textfield2"  /></td>
 </tr>
 <tr>
   <td align="left">报警原因: </td>
   <td><input name="radio" type="radio" value="radio" checked="checked" />
   遭黑客攻击
   <label for="radio">
     <input type="radio" name="radio" value="radio" />
   发现网络传销
   <input type="radio" name="radio"  value="radio" />
   发现网络不文明现象
   <input type="radio" name="radio" value="radio" />
   其他
   </label></td>
 </tr>
 <tr>
   <td align="left">其他详细原因描述: </td>
   <td><label for="textfield3"></label>
```

```
      <textarea name="textfield3" cols="40" rows="5" id="textfield3"></textarea>
</td>
  </tr>
  <tr>
    <td align="left">相关资料上传</td>
    <td><label for="fileField"></label>
      <input type="file" name="fileField" /></td>
  </tr>
  <tr align="left">
    <td align="right"><input type="submit" name="button" id="button" value="
登记" /></td>
    <td><input type="reset" name="button2" value="重置" /></td>
  </tr>
</table>
</form>
</body>
</html>
```

任务拓展

1. 使用 Dreamweaver 创建表单

每个表单都是由一个表单域和若干个表单元素组成的，所有的表单元素要放到表单域中才会有效，因此，制作表单页面的第一步是插入表单域。在 Dreamweaver CS6 中，插入表单域的具体操作如下：

① 定位光标，将光标放置在要插入表单的位置。

② 单击菜单"插入"|"表单"，如图 3-17 所示。此时表单域出现在编辑窗口中。

表单有对应的属性面板。将光标置于虚线之上，打开属性面板，可以设置表单的属性，如图 3-18 所示。

表单 ID 用来设置这个表单的名称。为了正确地处理表单，一定要给表单设置一个名称。

① "动作"用来设置处理这个表单的服务器端脚本的路径。如果希望该表单通过 E-mail 方式发送，而不被服务器端脚本处理，需要在"动作"后填入" mailto："和将要发送的 E-mail 地址。

图 3-17　插入表单

② "目标"下拉列表框用来设置表单被处理后反馈网页的打开方式，有 4 个选项"_blank"、" _parent"、"_self"和"_top"，反馈网页默认的打开方式是在原窗口中打开。如果选择"_blank"，则反馈网页在新口里打开；如果选择" _parent"，反馈网页在父窗口里打开；如果选择"_self"，则反馈网页在原窗口里打开：如果选择"_top"，则反馈网页在顶层窗口里打开。

③ "方法"下拉列表框用来设置将表单数据发送到服务器的方法，有 3 个选项"默认"、"POST"和"GET"。如果选择"默认"或"GET"，则将以 GET 方法发送表单数据，把表单数据附加到请求 URL 中发送；如果选择"POST"，则将以 POST 方法发送表单数据，把表单数据嵌入到 HTTP 请求中发送。

图 3-18 表单属性

2. 表单边框的应用

使用<fieldset></fieldset>标签将指定的表单字段框起来，使用<legend></ legend>标签在方框的左上角填写说明文字。

基本语法如下：

```
<form>
<fieldset>
<legend>说明文字</legend>
……
</fieldset>
</form>
```

例如表单边框的设置，核心代码如下：

```
<form>
    <fieldset>
    <legend>注册页面</legend>
    用 户 名: <input type="text">
    <br>
    密    码: <input type="password">
    <br>
    确认密码: <input type="password">
    <p><input type="submit" value="注册"> <input type="reset" value="重置"></p>
    </fieldset>
</form>
```

在 IE 浏览器中打开此网页，效果如图 3-19 所示。

图 3-19 表单边框

任务 2 框架多媒体页面设计

 任务描述

在网页项目中，可以将分开的部分网页组成一个完整的网页，显示于浏览器中，这样重复出现的内容可以被固定下来，每次浏览者发出对页面的请求时，只加载发生变化的部分，其他子页

面内容将保持不变，如此可以给浏览者带来方便，节省时间。这种能把浏览器窗口划分为若干个区域、每个区域分别显示不同的子页面的技术就是框架。

使用框架可以非常方便地完成导航工作，而且各个框架之间不存在干扰问题。本任务将使用窗口框架技术完成一个简单的页面，完成基本内容设计之后，添加多媒体元素，制作动画并将动画插入页面，动态效果的实现使网页变得绚丽多彩。完成效果如图 3-20 所示。

图 3-20　多媒体框架网页效果

知识准备

一、框架

1. 框架的含义

框架是 Web 网页的重要组成元素之一，页面通过框架实现布局，框架将一个浏览器窗口划分为多个区域，每个区域都可以显示不同的 HTML 内容，在 Dreamweaver 中，几个框架组合在一起，称为框架集。

框架实际上由两个部分组成，即框架集与框架。一个框架网页实际上是由一个框架集页面和若干用作不同框架内容的网页构成。框架集仅定义框架的结构、数量、尺寸及装入框架的页面文件，它只是存储了框架如何显示的信息。所有的框架标签放在一个 HTML 文档中，基本语法如下：

```
<html>
<head>
<title>框架技术</title>
</head>
<frameset >
 <frame src="url 地址.html" name="topFrame"/>
 <frame src="url 地址.html" name="leftFrame"/>
……
 </frameset>
</html>
```

frame 子框架的 src 属性的每个 URL 值指定了一个 HTML 文件，这个文件需要事先准备好地址，地址路径可使用绝对路径或相对路径。这个文件将载入相应的窗口中。

框架结构可以根据框架集标签<frameset>的分割属性分为三种：左右分割窗口、上下分割窗口、嵌套分割窗口。

2．框架集标签

框架集标签<frameset>的常用属性如表 3-3 所示。

表 3-3　框架集标签<frameset>的常用属性

属　性	说　　明
border	设置边框粗细，默认为 5 像素
bordercolor	设置边框颜色
frameborder	指定是否显示边框："0"表示不显示边框，"1"表示显示边框
cols	用"像素数"和"%"分割左右窗口，"*"表示剩余部分
rows	用"像素数"和"%"分割上下窗口，"*"表示剩余部分
namespacing	表示框架与框架间的保留空白的距离
noresize	设置框架不需要调节大小，只要设定了前面的，后面的将继承

如果想在水平方向将浏览器分割为多个窗口，需要用到框架集的左右分隔窗口属性 cols。分割几个窗口，其 cols 属性的值就有几个，值的定义为宽度，可以是数字，单位为像素，可以是百分比或者是剩余值。各值之间用逗号分开。其余剩余值用"*"表示。"*"只出现一次时，表示该子窗口的大小将根据浏览器窗口口的大小自动调整；"*"出现一次以上时，表示按比例分割剩余的窗口空间。cols 的默认值为一个窗口。

例如：

```
frameset cols"40%, 40%,20%"  //将窗口分为 40%，40%，20%
frameset cols = "300, *,*"    //将 300 像素以外的两个窗口平均分配
frameset cols = "*,*,*"        //将窗口分为三等份
```

上下分割窗口属性 rows 设置和左右分割窗口的属性设置是一样的，参照左右分隔的方法即可。

3．子窗口标签

<frame>是个单标签，<frame>标签要放在框架集 frameset 中，<frame>设置了几个子窗口就必须对应几个<frame>标签，而且每一个<frame>标签内还必须设定一个网页文件，<frame>标签的常用属性如表 3-4 所示。

表 3-4　<frame>标签的常用属性

属　性	说　　明
src	指示加载的 url 文件地址
bordercolor	设置边框颜色
frameborder	指定是否显示边框："0"表示不显示边框，"1"表示显示边框
border	设置边框粗细
name	指示框架名称，是链接标签的 target 所要的参数
noresize	指示不能调整窗口的大小，省略此项时可调整
scrolling	指示是要否要滚动条，auto 根据需要自动出现，yes，有
marginwidth	设置内容与窗口左右边像的距离，数认值为 1
marginheight	设置内容与窗口上下边修的边距，默认值为 1
Width/ height	框窗的宽及高，默认为 width 和 height 宽为 100

（1）框架窗口的水平分隔

【例3-12】水平分隔窗口框架，文件名称为 frameset.html，调用文件分别为 web1.html、web2.html、web3.html，框架页面 frameset.html 的代码如下（代码文件位于素材"第 3 单元\ 水平分隔文件夹中）。

```
<html>
<head>
<title>水平分割窗口框架</title>
</head>
<frameset rows="*,*,*" framspacing="4" frameborder="1" bordercolor="#006600">
  <frame src="web1.html">
  <frame src="web2.html">
  <frame src="web3.html">
  </frameset>
<noframes></noframes>
</html>
```

水平分隔窗口框架，效果如图 3-21 所示。

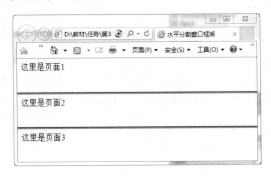

图 3-21　水平分割窗口框架

在上面的文件中还有一对<noframes></noframes>标签，即使在框架集网页时没有这对标签，文件在很多浏览器解析时也会自动生成<noframes></noframes>标签。如果没有这对标签，当浏览者使用的浏览器版本太低，不支持框架这个功能时，看到的是一片空白。为了避免这种情况，建议使用<noframes></noframes>标签。

（2）框架窗口的垂直分隔

【例3-13】垂直分隔窗口框架，文件名称为 frameset.html，调用文件分别为 web1.html，web2.html，web3.html，框架页面 frameset.html 的代码如下（代码文件位于素材"第 3 单元\ 垂直分隔文件夹中）。

```
<html>
<head>
<title>垂直分割窗口框架</title>
</head>
<frameset cols="*,*,*" framspacing="4" frameborder="1" bordercolor="#006600">
  <frame src="web1.html">
  <frame src="web2.html">
  <frame src="web3.html">
  </frameset>
<noframes></noframes>
</html>
```

垂直窗口框架，效果如图 3-22 所示。

图 3-22　垂直分割窗口框架效果

（3）框架嵌套

【例 3-14】框架窗口的嵌套设置，文件名称为 frameset.html，调用文件分别为 web1.html，web2.html，web3.html，框架页面 frameset.html 的代码如下（代码文件位于素材"第 3 单元\ 框架嵌套文件夹中）。

```html
<html>
<head>
<title>框架窗口嵌套</title>
</head>
<frameset rows="20%,*" framspacing="4" frameborder="1" bordercolor="#006600">
  <frame src="web1.html">
  <frameset cols="20%,*" framspacing="4" frameborder="1" bordercolor="#006600">
    <frame src="web2.html">
    <frame src="web3.html">
  </frameset>
</frameset>
  <noframes></noframes>
</html>
```

框架窗口嵌套，效果如图 3-23 所示。

图 3-23　框架窗口嵌套效果

注意：子窗口的排列遵循从左到右、从上到下的次序。

4. 窗口的名称和链接

如果要在框架窗口中设置超链接，就必须为每一个子窗口命名，以便于窗口框架间的链接。

窗口框架的命名最好为拼音或英文单词，命名规则与程序语言中的变量命名相似。窗口框架的链接还用到 target 属性，以使将链接的内容放置到目标窗口内。

二、插入多媒体对象

在网页中除使用普通的文字、图像等基本的信息元素外，还可以使用动画、音频和视频等多媒体元素，从而使网页内容更加丰富多彩，更具吸引力。

1．插入滚动字幕

滚动字幕标签<marquee></marquee>可以实现元素在网页中移动的效果，以达到动感十足的视觉效果。基本语法如下：

```
<marquee 属性 1=value1 属性 2=value2… > 滚动内容</Marquee>
```

<marquee>标签有很多属性，用来定义元素的移动方式，如表 3-5 所示。

表 3-5　<marquee>的属性

属　　性	说　　明
direction	设定文字的滚动方向，left 表示向左滚动，right 表示向右滚动，up 表示向上滚动
loop	设定文字滚动次数，其值是正整数，或 infinite 表示无限次，或者为 – 1 也为无限次，默认为无限循环
height	设定字幕高度
width	设定字幕宽度
scrollamount	指定每次移动的速度，数值越大速度越快
scrolldelay	文字每一次滚动的停顿时间，单位是 ms（毫秒），时间越短滚动越快
bgcolor	设定文字滚动范围的背景颜色
hspace	指定字幕左右空白区域的大小
vspace	指定字幕上下空白区域的大小
align	指定滚动文字与滚动屏幕的垂直对方方式，取值 top、　middle、bottom

2．插入多媒体文件

在网页中可以用 < embed > 标签来插入多媒体文件，例如可以插入音乐和视频等。基本语法如下：

```
<embed src="file url"width=value height=value hidden=value autostart=value
loop=valuestartime=value volume=value controls=value)/embed>
```

<embed>常用属性如表 3-6 所示。

表 3-6　<embed>常用属性

属　　性	说　　明
scr	设定多媒体文件的路径
autostart =true/false	表示是否自动播放，true 是自动播放，　false 是不自动播放
loop=true/false	设定播放的重复次数，loop = 6 就表示重复 6 次，mue 表示无限次播放，fase 表示播放一次停止
starttime " 分：秒"	设定音乐的开始播放时间，如 20 s 后播放　starttime=00:20
volume =0−100	设定音量的大小，如果没有设定，就用系统音量
width/ height	设定播放空间面板的大小
Control= console/smallconsole	设定播放控件面板的外观
hidden= true	隐藏播放控件面板

3．嵌入背景音乐

<bgsound>标签用来设置网页的背景音乐。背景音乐是加载页面后自动开始播放音乐，而页面上不显示播放界面。基本语法如下：

```
<bgsound src= "file url" autostart=true loop="-1" hidden=true>
```

scr 属性设置背景音乐的路径；autostart 控制；loop 控制播放的次数，如果设置为 infinite 或为 –1，表示不停地反复播放；hidden 设置播放控制面板隐藏。

注意：背景音乐可以放在<body></body>或者<head></head>之间。

任务实现

本任务框架设计为"上方固定、左侧嵌套"的嵌套结构。主框架页面为 index.html，顶部页面为 top.html，左侧页面为 left.html，右侧页面为 main.html，以及其他页面网页。代码文件位于素材"第 3 单元\ 多媒体框架网页文件夹"中。任务实现步骤如下。

1．定义主框架 index.html 页面

根据效果图，首先设计 index.html 页面，代码如下：

```
<html>
<head>
<meta http-equiv="Content-Type" content="text/html; charset=utf-8" />
<title>多媒体框架页面</title>
</head>
<frameset rows="180,*" cols="*" frameborder="no" framespacing="0">
  <frame src="top.html" name="topFrame" scrolling="no" bordercolor="#003300"
  title="topFrame" />
  <frameset cols="260,*" frameborder="no" border="1" framespacing="0">
    <frame src="left.html" name="leftFrame" scrolling="no"  title="leftFrame" />
    <frame src="main.html" name="mainFrame" id="mainFrame" title="mainFrame" />
  </frameset>
</frameset><noframes></noframes>
</html>
```

框架定义中顶部框架页面命名为 topframe，左侧框架页面命名为 leftframe，右侧框架页面命名为 mainframe。

2．定义顶部嵌套 top.html 页面

顶部在 top.html 页面中插入多媒体对象 Flash 动画，框架页面 top.html 的核心代码如下：

```
<head>
<meta http-equiv="Content-Type" content="text/html; charset=utf-8" />
<title>top</title>
<style type="text/css">
body{
    margin:0;
    padding:0;
}
#main{
    width:996px;
```

```
    height:168px;
    border:1px #DDD solid;
    }
</style>
</head>
<body>
<div id="main">
<embed src="images/top.swf" width="996px" height="168px">
</div>
</body>
</html>
```

3. 定义左侧嵌套 left.html 页面

左侧框架页面主要使用<ul></ul>定义了一组链接，left.html 页面的核心代码如下：

```
<head>
<meta http-equiv="Content-Type" content="text/html; charset=utf-8" />
<title>left</title>
<style type="text/css">
body{
    margin:0;
    padding:0;
    font-family:Arial;
    font-size:12px;
}
#main{
    width:260px;
}
ul{
    list-style-type:none;
    margin:0;
    padding:0;
}
#Menu{
    margin:0 0 10px 20px;
    font-size:15px;
    line-height:30px;
}
#Menu li{
border:1px #DDD solid;
}
#Menu li a{
display:block;
text-decoration:none;
color:#555;
padding:3px 0;
padding-left:50px;
font-weight:bold;
background-image:url(images/up.jpg);
```

```
background-repeat:no-repeat;
background-position:left center;
}
#Menu li a:hover{
    background-image:url(images/down.jpg);
    color:#930;
}
</style>
</head>
<body>
<div id="main">
<ul id="Menu">
  <li> <a href="main.html" target="mainFrame">课程设计的理念和思路</a></li>
  <li> <a href="jxff.html" target="mainFrame">课程教学方法与教学手段</a></li>
  <li> <a href="ff.html" target="mainFrame">学情及学习方法的指导</a></li>
  <li> <a href="td.html" target="mainFrame">课程教学条件与资源</a></li>
  <li> <a href="sl.html" target="mainFrame">课程教学改革思路</a></li>
  </ul>
</div>
</body>
</html>
```

4. 定义右侧展示 main.html

定义右侧展示 main.html、课程教学方法与教学手段页面（jxff.html）、学情及学习方法的指导页面（ff.html）、课程教学条件与资源页面（td.html）和课程教学改革思路页面（sl.html）。main.html 页面的核心代码如下：

```
<head>
<meta http-equiv="Content-Type" content="text/html; charset=utf-8" />
<title>main</title>
<style type="text/css">
body {

}
#main{width:730px;
text-indent:2em;
line-height:30px;
border:1px #DDD solid;
}
</style>
</head>
<body>
<div id="main">本课程依据网站设计的实际，采用项目化教学并实施任务驱动的教学方法，设计课
堂与实践机房一体化的教学场景，根据学习情境采用课堂学习与网络学习扬长避短的有机结合的混合式
教学模式。
<img src="images/1.png" width="600" height="120" />
</div></body>
</html>
```

任务拓展

1. 使用 Dreamweaver 创建与编辑框架

（1）创建框架页面

在 Dreamweaver CS6 中创建框架的方法是：在菜单栏选择"插入"|"html"|"框架"选项，在框架中根据需要选择，如图 3-24 所示。

图 3-24　插入框架页面

（2）框架集与框架的选择

框架创建后，如果想选择框架集，将鼠标指针移动到整个边框上，按住【Alt】键，当鼠标指针变为水平方向箭头或垂直方向双向箭头时，单击边框，即可选中整个框架集。

选择框架的方法是执行菜单"窗口"|"框架"命令，在打开的"框架"面板中单击需要选择的框架，则框架的边界就会被虚线包围。或者按住【Alt】键，再单击文档窗口中需要选择的框架，即可选中框架。框架面板如图 3-25 所示。

（3）保存框架集与框架

如果想要保存框架集，可以选中框架集，执行菜单"文件"|"框架集另存为"命令，在弹出的"另存为"对话框中输入框集的名称，单击"保存"按细，可保存框架集。依次保存框架集与各个框架页面。若想保存框架页面，可以直接将插入点放

图 3-25　框架面板

置在该框架，执行菜单"文件"|"框架另存为"命令，在弹出的"另存为"对话框的"文件名"文本框中输入框架的名称，单击"保存"按钮，即可保存框架。

（4）设置框架的属性

执行菜单"窗口"|"框架"命令，在"框架"面板中选择其中一个框架后，其"属性"面板如图 3-26 所示，在其中可以设置框架名、源文件和边框等。

图 3-26　框架属性

选中框架集后，其"属性"面板如图 3-27 所示，在其中可以设置框架的相关属性。

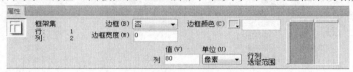

图 3-27　框架集属性

2. 使用 Dreamweaver 插入 Flash

通常可以使用 Dreamweaver 中的命令快速插入多媒体对象 Flash。执行"插入"｜"媒体"｜"SWF"命令，如图 3-28 所示，在打开的"选择 SWF"对话框中选择要插入的 Flash（swf）文件，然后单击"确定"按钮即可将 Flash 元素插入到网页中。

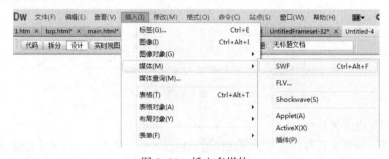

图 3-28　插入多媒体

选择插入的 Flash 元素后，可以通过"属性"面板设置 Flash 元素的相关属性，如图 3-29 所示。

图 3-29　Flash 属性面板

通过 Dreamweaver 中的命令插入 Flash 元素后将自动生成一个 JS 文件，并在网页中插入一些脚本程序，在后期对网页内容进行编辑时，应当谨慎处理相关的代码和脚本程序。若要删除插入的 Flash 元素，可以在"设计"视图中单击选择插入的 Flash 元素，然后按【Delete】键删除。

3. 使用 Dreamweaver 插入 ActiveX

使用 ActiveX 可以方便地在网页中嵌入各种动画、视频、音频、交互式对象，以及复杂的程序。当网页访问者浏览到包含 ActiveX 元素的网页时，浏览器自动下载或提示用户安装相应的 ActiveX 插件。实质上，Flash、Shockwave 等元素内容在网页中能播放，都得到了相应的 ActiveX 插件的支持，即浏览器中的 Flash 播放插件、Shockwave 播放插件均属于 ActiveX。

在 Dreamweaver CS6 中，执行"插入"｜"媒体"｜"ActiveX"命令即可插入一个 ActiveX 插件。然后通过"属性"面板设置嵌入的文件来源、显示大小等属性即可，图 3-30 所示为 Active 对象的属性设置。

图 3-30　Active 对象的属性

大部分多媒体类型的文件均可使用 ActiveX 插入到网页中，只要访问者浏览器中含有相关媒体文件的播放插件就能播放。例如，要在网页中插入音频文件，可以直接使用 ActiveX 元素，设置嵌入的源文件路径为音频文件地址即可。

课 后 实 训

1．学员基本信息表单

实训目的

① 熟悉表单的构成。
② 掌握<form>标记的用法。
③ 理解<form>标记相关属性。

实训内容

在网页中，通常会使用表单来收集用户信息，并将这些信息传递给后台服务器，实现人机交互。同时，为了明确信息分类、便于用户操作，还会用到一系列的表单控件，用于定义不同的表单功能。下面通过各种表单控件实现一个学员基本信息表单，效果如图 3-31 所示。

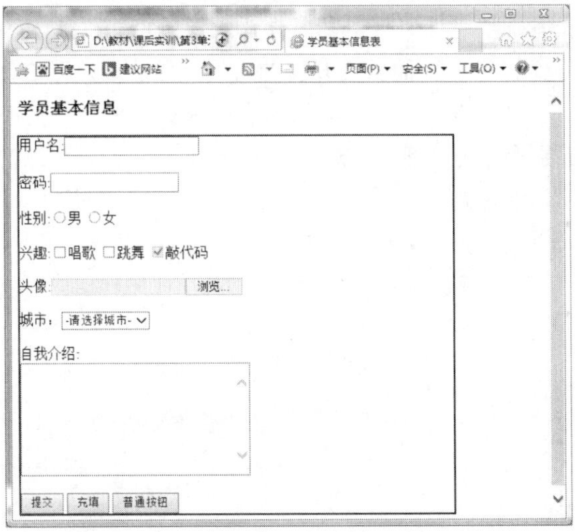

图 3-31　学员基本信息表单

2. 框架网页

实训目的

① 掌握创建框架网页。
② 掌握框架和框架集相关操作。

实训内容

使用框架可以非常方地完成导航工作，而且各个框架之间不存在干扰问题。本实训将使用窗口框架技术实现一个简单的页面，效果如图 3-32 所示。

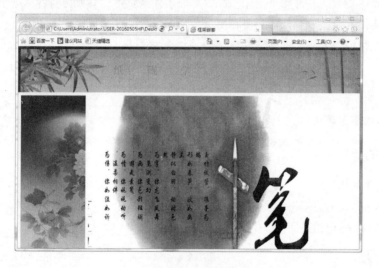

图 3-32 框架网页完成效果图

单 元 小 结

本单元主要介绍了表单技术、框架技术和多媒体元素的调用。通过表单技术能解决用户的交互页面；框架技术是当前基于 Web 页面软件开发的常用技术；多媒体能使网页更加丰富多彩、动感十足，提高用户兴趣。所以，表单元素的应用与表单设计、框架页面的创建与超链接的设置、各类多媒体元素的调用都是本单元的重点，使用表单元素进行表单设计与框架页面的超链接的设置是本单元的难点，需要仔细理解。

单元 4 | CSS 的基础知识

使用 HTML 制作网页时，可以使用<h1>、<p>、<table>等标记的属性对网页进行修饰，但是这样的方式存在很大的局限性和不足，如后期维护困难、不利于代码阅读等弊端。为了解决这个问题，万维网联盟（W3C）肩负起了 HTML 标准化的使命，并在 HTML4.0 之外创造出样式。CSS 的使用，能够实现网页结构与表现的分离，引入 CSS，网页将更加美观大方，并且升级轻松，维护方便。

任务　CSS 的引用——制作风景页面

任务描述

解决静态网样式的最好方法就是使用 CSS，即"层叠样式表"，它由许多规则组成，通过浏览器解释执行，目的是使网页的布局、文字、背景的实现更加规范。

CSS 可以使用 HTML 标签或命令的方式定义，既可以控制一些传统的文本属性，还可以控制一些比较特别的 HTML 属性，如对象位置、图片效果、鼠标指针等。层叠样式表可以一次控制多个文件中的文本，并且可以随时改动 CSS 的内容，文件中文本的样式显示将自动更新。本任务主要解决如何在页面中定义和引用 CSS 文件。制作完成的风景页面效果如图 4-1 所示。

图 4-1　风景页面效果

知识准备

一、CSS 概述

1. CSS 的定义

CSS 是 Cascading Style Sheet 的缩写，翻译成中文是层叠样式表，有时简称样式表。它是控制网页样式并允许将样式信息与网页内容分离的一种标记性语言。CSS 通常在网页制作中起重要角色，而且还可以减少网页代码量，更能提高网络访问网页的速度，而且更容易学习和实践，所以CSS 越来越被更多的网页工作者采用。

CSS 的思想就是指定对什么对象进行设置，然后指定对该对象的哪个方面的属性进行设置，最后给出设置的"值"。CSS 由"对象"、"属性"和"值"3 个基本部分组成。

2. CSS 的特点

（1）丰富的样式定义

CSS 提供了丰富的文档样式外观，以及设置文本和背景属性的能力；允许为任何元素创建边框，以及元素边框与其他元素间的距离、元素边框与元素内容间的距离；允许随意改变文本的大小写方式、修饰方式以及其他页面效果。

（2）易于使用和修改

CSS 可以将样式定义在 HTML 元素的 style 属性中，也可以将其定义在 HTML 文档的 header 部分，还可以将样式声明在一个专门的 CSS 文件中，以供 HTML 页面引用。总之，CSS 样式表可以将所有的样式声明统一存放，进行统一管理。

另外，可以将相同样式的元素进行归类，使用同一个样式进行定义，也可以将某个样式应用到所有同名的 HTML 标签中，还可以将一个 CSS 样式指定到某个页面元素中。如果要修改样式，只需要在样式列表中找到相应的样式声明进行修改。

（3）多页面应用

CSS 样式表可以单独存放在一个 CSS 文件中，这样就可以在多个页面中使用同一个 CSS 样式表。CSS 样式表理论上不属于任何页面文件，在任何页面文件中都可以将其引用。这样就可以实现多个页面风格的统一。

（4）层叠

简单地说，层叠就是对一个元素多次设置同一个样式，将使用最后一次设置的属性值。例如对一个站点中的多个页面使用了同一套 CSS 样式表，而某些页面中的某些元素想使用其他样式，就可以针对这些样式单独定义一个样式表应用到页面中。这些后来定义的样式将对前面的样式设置进行重写，在浏览器中看到的将是最后面设置的样式效果。

（5）页面压缩

在使用 HTML 定义页面效果的网站中，往往需要大量或重复的表格和 font 元素形成各种规格的文字样式，这样做的后果就是会产生大量的 HTML 标签，从而使页面文件的大小增加。而将样式的声明单独放到 CSS 样式表中，可以大大减小页面的体积，这样在加载页面时使用的时间也会大大缩短。另外，CSS 样式表的复用更大程度地缩减了页面的体积，缩短下载的时间。

3．CSS 的建立

在菜单栏中，选择"文件"｜"新建"｜"Untitled CSS File"命令，表示新建一个未命名的 CSS 文件，此时打开一个 CSS 编辑区，这时可输入 CSS 代码，完成后在菜单栏中选择"文件"｜"保存"命令，这时会弹出"另存为"对话框，选择好路径和添加好文件名，单击"保存"按钮即可。

二、CSS 的引用方法

要使用 CSS 修饰网页，就需要在 HTML 文档中引入 CSS 中样式表。下面介绍 4 种在页面中引入样式表的方法：行内样式表、嵌入式样式表、链入外部样式表和导入外部样式表。

1．行内样式

行内样式也称为内联样式，即是在对象的标记内，使用对象的 style 属性定义适用的样式表属性。基本语法格式如下：

```
<标签名称 style="样式属性1：属性值1；样式属性2：属性值2；样式属性…">
```

行内样式主要是对特定的层或标记设置样式，如设置一个层的边框，即只代表这个层的样式，对其他层或标记无效。好处就是可以灵活地设置对象的样式，缺点是样式扩展性差，即不能让其他对象享用它的样式，虽然其他的样式链接可以取代内联定义，但内联定义还是对某些方面有用。

【例 4-1】 行内样式表应用示例，核心代码如下（代码文件位于素材"第 4 单元\04-01.html"）。

```
<body>
    <p style="border:2px dotted #000000">行内样式直接应用示例1</p>
    <p style=" font-size:18px; color:red" >行内样式直接应用示例2</p>

</body>
```

运行代码，效果如图 4-2 所示。

图 4-2　行内 CSS 样式的应用

2．内嵌式样式表

内嵌式是将 CSS 代码集中写在 HTML 文档的<head>的头部标记中，并且用<style>标记定义。完整语法如下：

```
<head>
    <style type="text/css">
     /*这里写CSS内容*/
    </style>
</head>
```

行内样式表和内嵌式样式表的方法都是属于引用内部样式表，即样式表规则的有效范围只限于该 HTML 文件，在该文件以外将无法使用。

【**例4-2**】内嵌式样式表应用示例，核心代码如下（代码文件位于素材"第4单元\04-02.html"）。

```
<html>
<title>内嵌式</title>
<style type="text/css">
p{
    border:2px dotted #000000;
    font-size:18px; color:red;
}
</style>
</head>
<body>
    <p>内嵌式样式直接应用示例</p>
</body>
</html>
```

运行代码，效果如图4-3所示。

图4-3 内嵌CSS样式的应用

3. 链接样式表

CSS外链接是把CSS文件放在网页外面，通过链接使CSS文件对本网页的样式有效，这样的链接称为外链接，即将一个外部样式表链接到HTML文档中。基本语法如下：

```
<link href="*.css" type="text/css" rel="stylesheet" />
```

样式定义在独立的CSS文件中，并将该文件链接到要运用该样式的HTML文件中。

href用于设置链接的CSS文件的位置，可以为绝对地址或者相对地址，rel="stylesheet"表示链接样式表，是链接样式表的必要属性。

CSS为已编辑好的CSS文件，CSS文件只能由样式表规则或声明组成，并且不用使用注释标签。

可以将多个HTML文件链接到同一个样式表上，如果改变样式表文件中的一个设置，所有的网页效果都会改变。

通过记事本或者Dreamweaver编辑工具编写CSS文件yangshi .css，代码编写如下：

```
@charset "utf-8";
p{
    border:2px dotted #000000;
    font-size:18px;
    color:red;
    background:#3CF;
}/* CSS Document */
```

【例 4-3】内嵌式样式表应用示例，核心代码如下，代码文件位于素材"第 4 单元\04–03.html"。

```
<html>
<head>
<title>链接外部样式表</title>
<link href="yangshi.css" type="text/css" rel="stylesheet" />
</head>
<body>
<p>链接样式直接应用示例</p>
</body>
</html>
```

页面效果如图 4-4 所示。

图 4-4 链接外部样式表

通过标记<link>即可把外面的样式文本链接到网页，这也是绝大多数网站所采用的方法，这样更有效率，只完成一张样式表，即可控制所有的页面效果。当然，当修改样式表的同时，链接了该样式表的所有网页都会受到影响。

4．导入外部样式表

导入外部样式表形式上有点像外部链接样式表和内部嵌入样式表的结合，外部链接样式表不将外部 CSS 文件中的内容调入页面中，只是在用到该样式时在外部 CSS 文件中调入该样式的定义。采用 import 方式导入样式表，在 HTML 文件初始化时，会被导入 HTML 文件内，作为文件的一部分，类似内嵌的效果。基本语法格式如下：

```
<style type="text/css">
    @import"外部样式表文件名";
</style>
```

【例 4-4】导入外部样式表应用示例，核心代码如下（代码文件位于素材"第 4 单元\04–04 .html"）。

```
<html>
<head>
<title>导入外部样式表</title>
<style type="text/css">
@import url("yangshi.css");
</style>
</head>
<body>
<p>导入外部样式表应用示例</p>
</body>
</html>
```

运行代码，页面效果如图 4-5 所示。

图 4-5　导入外部样式表

三、CSS 选择器

选择器是为了使 CSS 规则和 HTML 元素对应，而定义一套完整的规则，实现 CSS 对 HTML 的"选择"，这就是叫作"选择器"的原因。CSS 样式设置规则由选择器和声明组成，而声明由属性和值两部分组成。语法格式如下：

选择器{属性1：属性值1；属性2：属性值2...}

在示例 p{font-size:18px;color:red; background:black;}中，p 为选择符，"{}"中的所有内容为声明块。以上代码表示<p></p>标记内的所有字体颜色为红色，字体大小为 18px，段落背景颜色为黑色。

CSS 的主要功能就是将规则应用于文档中同一类型的元素，这样可以减少网页设计工作者的工作。每个样式表由一系列规则组成。

1. 标记选择器

一个 HTML 页面由很多不同的标记组成，CSS 选择器就是声明哪些标记采用哪种 CSS 样式。每一个 HTML 标记的名称都可以作为对应的标记选择器的名称。

【例 4-5】标记选择器应用示例，核心代码如下（代码文件位于素材"第 4 单元\04-05.html"）。

```html
<html>
<head>
<title>标记选择器</title>
<style type="text/css">
h2{
    color:red;
    font-size:20px;        }
p{
    color:green;
    font-size:16px;        }
</style>
</head>
<body>
  <h2>满江红</h2>
  <p>怒发冲冠,凭栏处,潇潇雨歇。</p>
  <p>抬望眼,仰天长啸,壮怀激烈。</p>
  <p>三十功名尘与土,八千里路云和月。</p>
  <p>莫等闲,白了少年头,空悲切！</p>
  </body>
</html>
```

在 IE 浏览器中打开此网页，效果如图 4-6 所示。

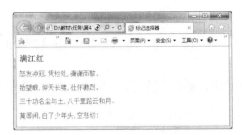

图 4-6　标记选择器

2．类选择器

类选择器的名称可以由用户自定义，属性和值跟标记选择器一样。类选择器能够把相同的元素分类定义成不同的样式，定义类选择器时，在自定义类前面需要加一个点号。

【例 4-6】类选择器应用示例，核心代码如下（代码文件位于素材"第 4 单元\04-06.html"）。

```html
<html>
<head>
<title>类选择器</title>
<style type="text/css">
.red{
    color:red;
    font-size:20px;
}
.green{
    color:green;
    font-size:16px;
}
.blue{
    color:blue;
    font-size:16px;
    }
</style>
</head>
<body>
    <h2 class="red">满江红</h2>
    <p class="green"> 怒发冲冠,凭栏处,潇潇雨歇。</p>
    <p class="blue">抬望眼,仰天长啸,壮怀激烈。</p>
    <p class="green">三十功名尘与土,八千里路云和月。</p>
    <p class="blue">莫等闲,白了少年头,空悲切! </p>
</body>
</html>
```

在 IE 浏览器中打开此网页，效果如图 4-7 所示。

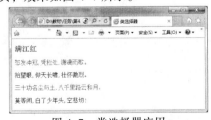

图 4-7　类选择器应用

3. ID 选择器

ID 选择器的适用方法和 class 基本相同，ID 选择器使用#进行标识。不同点是 ID 选择器用来对某个单一元素定义单独的样式。

【例 4-7】类选择器应用示例，核心代码如下（代码文件位于素材"第 4 单元\04-07.html"）。

```html
<html>
<head>
<title>类选择器</title>
<style type="text/css">
#title{
    color:red;
    font-size:20px;
    background:#6699FF;
    text-align:center;
}
</style>
</head>
<body>
    <h2 id="title">满江红</h2>
 </body>
</html>
```

在 IE 浏览器中打开此网页，效果如图 4-8 所示。

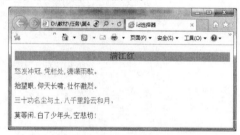

图 4-8　ID 选择器应用

4. "交集"选择器

"交集"选择器是由两个选择器构成，选择各自元素范围的交集。其中第 1 个必须是标记选择器，第 2 个必须是类选择器或是 ID 选择器。注意必须连续书写不能有空格。比如 h3.special 或 P#one。

【例 4-8】交集选择器应用示例，核心代码如下（代码文件位于素材"第 4 单元\04-08.html"）。

```html
<html>
<head>
<title>交集选择器</title>
<style type="text/css">
h2{color:red;}
p{color:blue;    font-size:16px; }
.special{color:yellow;}
p.special{color:green;}
</style>
</head>
<body>
    <h2 class="special">满江红（黄色）</h2>
```

```
<p class="special">怒发冲冠,凭栏处,潇潇雨歇。(绿色)</p>
<p>抬望眼,仰天长啸,壮怀激烈。(蓝色)</p>
<p>三十功名尘与土,八千里路云和月。</p>
<p>莫等闲,白了少年头,空悲切！</p> </body>
</html>
```

在 IE 浏览器中打开此网页，效果如图 4-9 所示。

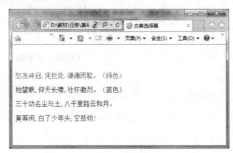

图 4-9　交集选择器应用

5."并集"选择器

并集选择器是同时选中各个基本选择器所选择的范围，各个选择器通过逗号连接起来，任何形式的选择器都可以作为并集选择器的一部分。如果某些选择器定义的样式完全或者部分相同，就可以通过并集选择器为它们定义相同的样式。

【例 4-9】并集选择器应用示例，核心代码如下（代码文件位于素材"第 4 单元\04-09.html"）。

```
<html>
<head>
<title>并集选择器</title>
<style type="text/css">
h2,p{
    font-size:16px;
    line-height:20px;
}
#title{
    color:red;
    background:#6699FF;
    text-align:center;
    text-decoration:overline;
}
</style>
</head>
<body>
    <h2 id="title">满江红</h2>
    <p>怒发冲冠,凭栏处,潇潇雨歇。</p>
    <p>抬望眼,仰天长啸,壮怀激烈。</p>
    <p>三十功名尘与土,八千里路云和月。</p>
    <p>莫等闲,白了少年头,空悲切！</p>
</body>
</html>
```

在 IE 浏览器中打开此网页，效果如图 4-10 所示。

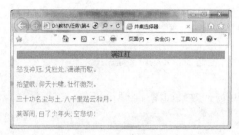

图 4-10　并集选择器应用

6. CSS 的继承性

继承性是指被包含在内部的标签将拥有外部标签的样式，即子元素可以继承父元素的属性。继承性最典型的应用通常是对整个网页的样式预设，需要指定为其他样式的部分设定在个别元素里即可。

（1）继承

CSS 的一个主要特征就是继承，它是依赖于祖先-后代的关系的。继承是一种机制，它允许样式不仅可以应用于某个特定的元素，还可以应用于它的后代。例如一个 body 定义了的颜色值也会应用到段落的文本中。比如：

样式定义：

```
body{color:red;}
```

应用代码：

```
<p>css <strong>继承性</strong>的深入探讨</p>
```

运行这段代码的结果是："css 继承性的深入探讨" 这段话是红颜色的，"继承性" 由于应用了 strong 元素，所以是粗体。

（2）CSS 继承的局限性

在 CSS 中，继承是一种非常自然的行为，但是继承也有其局限性，有些属性是不能继承的。这没有任何原因，因为它就是这么设置的。比如：border 属性，是用来设置元素的边框的，它就没有继承性。多数边框类属性，像 padding（内边距）、margin（外边距）、背景和边框的属性都是不能继承的。

（3）继承中容易引起的错误

有时候继承也会带来些错误，比如，样式定义：

```
body{color:blue}
```

在有些浏览器中这句定义会使除表格之外的文本变成蓝色。从技术上来说，这是不正确的，但是它确实存在。所以经常需要借助于某些技巧，比如将 CSS 定义成这样：

```
body,table,th,td{color:blue}
```

这样表格内的文字也会变成蓝色。

7. CSS 的层叠特性

CSS 的层叠性确实很重重要，实际上，层叠可以简单地理解为 CSS 处理冲突的能力。比如：

样式定义：

```
p{color: red;}
.pp{color: green;}
#p1{color: blue; }
```

应用代码：

```
<p class="pp" id="p1">此处文字是什么颜色？ </p>
```

运行以上代码，最后的文字显示为蓝色。

（1）权重

每个选择器都有自己的权重，每条 CSS 规则都包含一个权重级别，这个级别是不同的选择器加权计算得来的。不同级别的权重会产生不同的样式，不同的样式会在网页中表现出来。

CSS 权重优先级可以从 CSS 代码存放的位置看：

行间样式>内联样式>外联样式

（2）权重的基本规则

① 权重相同时，以最后出现的选择器为准。

② 不同的权重，以权重值高的为准。

③ 如果不能直接选中某个元素，通过继承的话，那么权重为 0。

④ 如果没有选中，那么权重是 0；大家都是 0，就近原则，谁描述的近就听谁的。

⑤ 同一个标签，携带了多个类名，有冲突时，与在标签中书写类名的顺序无关，只和 CSS 的顺序有关。

⑥ 同一组属性中有! Important 的，这个属性的权重为无穷大。

任务实现

本任务将使用简单样式完成风景页面制作，从而使页面中的文字、段落和图片等内容更加整齐美观。任务实现步骤如下：

1. 制作 HTML 页面结构

本任务主要由页头、主体和页脚三部分组成，页头部分包含标题 h1 和一个 ul 列表。主体部分包含一个 h2 和多个段落 p 组成，页脚部分由图片和段落组成。本任务中使用 HTML 标记搭建的页面结构，代码如下：

```
<div id="container">
<h1><span>hello lianyungang</span></h1>
<div>
<ul id="topMenu">
<li class="first"><a href="#">花果山</a></li>
<li><a href="#">连岛</a></li>
<li><a href="#">孔雀沟</a></li>
<li><a href="#">渔湾</a></li>
<li><a href="#">东海玉兰花</a></li>
</ul>
</div>
<div id="main">
<h2>连岛海滨浴场</h2>
<p class="intend">连岛海滨浴场，是江苏省最大的天然优质海滨浴场，又称苏马湾。主要由大沙湾浴场和苏马湾浴场两部分组成。连岛景区集山、海、林、石、滩及人文景观于一体，是国家级的云台山风景名胜区的重要组成部分。
</p>
```

```
<p class="intend">游大海、尝海鲜、度假观光的好去处。每年 7-8 月 "连云港之夏" 的主会场。
在此期间，这里将举办形式多样、观赏性强的沙滩、海上、空中游乐活动。
白天有摩托艇大赛，俄罗斯歌舞表演，沙滩时装模特表演，高空飞车表演等。夜晚有 "海港之夜" 游海
活动和连云港之夏纳凉晚会。</p>
</div>
<div id="footer">
  <img src="images/fbj.png" alt="" />
  <p class="p2">连云港旅游管理处版权所有   Copyright © 2017-2018 All Rights
Reserved </p>
  <p class="p2">联系电话: 111111 Email: 22@163.com</p>
 </div>
</div>
</body>
```

最外层是一个<div>，id 设置为 "#container"

2. 定义 CSS 样式

上面使用 HTML 标记定义了没有样式修饰的页面内容，下面需要使用 CSS 对文本进行控制。这里为了编辑方便，使用内嵌式引入 CSS。在页面文件的<head>头部标记内，<title>标记之后，书写如下 CSS 代码：

```
<style type="text/css">
</style>
```

添加 CSS 样式，具体代码如下：

```
<style type="text/css">
body{margin:0;              /*对 body 进行初始化*/
    padding:0;
    font-family:Arial;
    font-size:12px;
}
ul{
    list-style-type:none;/*对列表进行初始化*/
    margin:0;
    padding:0;
}
#container{
    width:900px;            /*对页面设置固定的宽度*/
    margin:30px auto;       /*对页面设置居中显示*/
    position:relative;      /*设置相对定位，后面的 topMenu 可以以此为基准*/
}
h1{
    border-top:6px  #DDD solid;  /*设置页面上的灰色上线*/
    height:80px;                  /*为 h1 设定高度，高度和准备的图像高度一致*/
    background-image:url(images/LOGO.png);  /*设置背景图像*/
    background-repeat:no-repeat;
    margin:0;
}
h1 span
{
    display:none;           /*设置背景图像后将 h1 中原来的文内容隐藏*/
```

```
}
#topMenu{
    position:absolute;       /*把列表设置为绝对定位*/
    right:0;
    top:6px;
}
#topMenu li{                  /*将li设置为横向排列*/
    float:left;
    padding: 20px 10px 0;
    border-left:1px #ddd solid;
}
#topMenu li.first{
    border:none;
}
#topMenu li a{               /*设置链接文字颜色，去掉下画线*/
    color:gray;
    text-decoration:none;
}
#main{                       /*设置主体部分字体大小和行距*/
font:20px;
line-height:30px;
}
#footer p{                   /*设置页脚部分段落左边距、行高和字体颜色*/
margin-left:80px;
line-height:10px;
color:#888;
}
.intend{
text-indent:2em;             /*设置首行缩进*/
}
</style>
```

至此，通过 HTML 搭建网页结构，同时使用 CSS 控制文本样式，完成了风景页面制作。本任务中不仅对页面应用了 CSS 文本样式，而且引入了一定的布局，这样是为了更好地控制页面，初学者理解上有一定的困难，后面的章节中会详细展开介绍。

任务拓展

1. 代码提示

Dreamweaver 中提供了方便的代码编写功能，可以帮助用户更高效率地完成代码的输入和编辑操作。在 HTML 和 CSS 中都有很多种标记、属性和属性值，为此，Dreamweaver 提供了方便的代码提示功能，可以大大减小设计者的记忆量，也可以避免拼写错误。设置 Dreamweaver 代码提示功能，操作步骤如下：

① 启动 Dreamweaver CS6 软件，打开项目创建窗口。

② 在菜单栏中执行"编辑｜首选参数"命令，打开"首选参数"对话框，如图 4-11 所示。在"分类"栏中选择"代码提示"，然后在右边的"代码提示"列表中选择需要的布局，如图 4-12 所示。

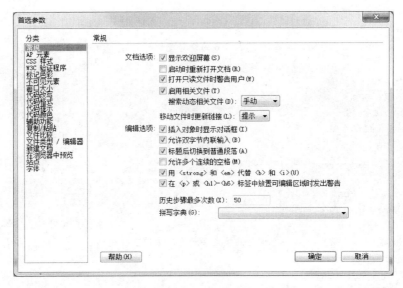

图 4-11　"首选参数"对话框

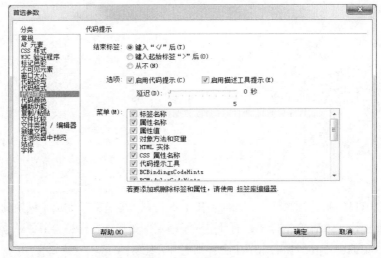

图 4-12　代码提示

　　设置好代码提示功能后，在"代码"或者"拆分"视图中，在需要添加代码的位置，只需要将光标定位到目标位置，然后输入左尖括号，就会自动弹出代码提示下拉框。这时可以使用键盘的上下方向键选取所需要的属性，然后按【Enter】键就可以完成对该标记的输入，有效避免拼写错误。

2. 代码折叠

　　代码折叠是 Dreamweaver 提供的一项辅助手段。当页面非常复杂的时候，代码量就会很大，代码折叠功能就可以暂时把某些部分的代码收缩隐藏起来，避免代码的混乱，便于设计师分析和设计代码。

　　在"代码"或者"拆分"视图中，选定部分代码，如图 4-13 所示，可以看到左侧出现两个方形带有减号的小图标，这时可以单击这两个图标中的任何一个，选中的代码将会被暂时隐藏起来，如图 4-14 所示。如果单击左侧的小方形图标，就会恢复代码的正常显示状态。

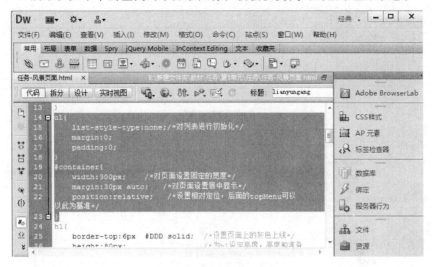

图 4-13　选定部分代码

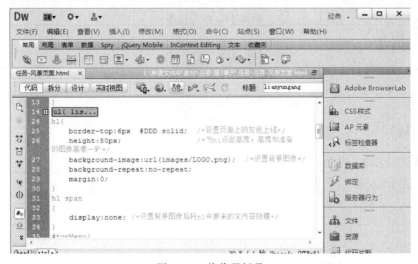

图 4-14　将代码折叠

3．使用拆分视图对代码快速定位

Dreamweaver 文档窗口中有 3 种视图，其中"拆分"视图就是把整个窗口分为两个部分，一部分显示代码，一部分显示设计视图，如图 4-15 所示。

当页面过于复杂，代码很长时，快速找到要修改的代码有一定的难度。使用拆分视图有利于更快速地定位代码的位置。在图 4-15 中，如果想修改标题"连岛海滨浴场"，可以在设计视图中单击文字的位置，这时左下角的标记依此为"<body><div#container><div#main><h2>"，表示了 HTML 的嵌套关系。单击<h2>标记，可以看到设计视图和代码视图中相应的内容都成为高亮度显示状态，这样可方便快速定位代码。

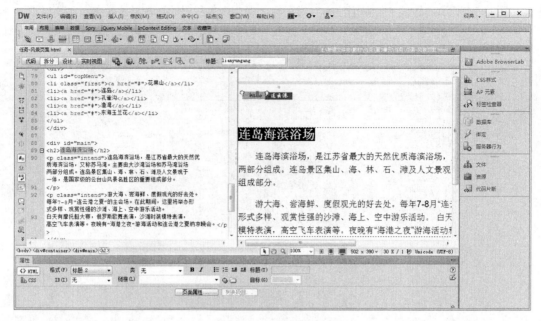

图 4-15　拆分视图

课 后 实 训

七彩云南

实训目的

① 灵活使用选择器控制元素。
② 熟练使用 CSS 的引用方法。

实训内容

要想将 CSS 样式应用于特定的 HTML 元素，除了要掌握引入 CSS 样式表的方法，还需要掌握 CSS 基础选择器的使用。本实训通过使用类选择器来控制元素，并运用 CSS 内嵌式的方法来实现制作七彩云南的效果，如图 4-16 所示。

图 4-16　"七彩云南"效果

单 元 小 结

　　本单元首先介绍了 CSS 样式规则、引入方式，以及 CSS 基础选择器。讲解了 CSS 复合选择器、CSS 的层叠性、继承性以及优先级，通过 CSS 修饰，制作完成常见的风景页面制作。通过本单元的学习，应该能够充分理解 CSS 所实现的结构与表现的分离，以及 CSS 样式的优先级规则。

单元 5 设置 CSS 文本、图像和背景

学好 CSS 属性方面的知识，才可以很灵活地应用 CSS。本单元开始学习设置 CSS 文本、图像和背景，字体属性在 CSS 中用 font 表示，还有一系列的字体属性都与 font 有关。字体设置对网页布局起重要作用。背景是 CSS 中的背景属性，背景属性也是复合属性，由一系列与背景相关的属性组成，如背景颜色、背景图像等，与 HTML 中的背景不同的是，在 CSS 中背景属性用 background 表示。

任务　使用样式美化网页

任务描述

在学习 HTML 时，可以使用文本样式标记和属性控制文本的显示样式，但是这些方式烦琐，不利于代码的共享和移植。为此，CSS 提供了相应的文本设置属性。使用 CSS 可以更好地控制文本样式。本任务使用 CSS 字体及文本样式属性，并结合不同的选择器实现页面效果，页面效果如图 5-1 所示。

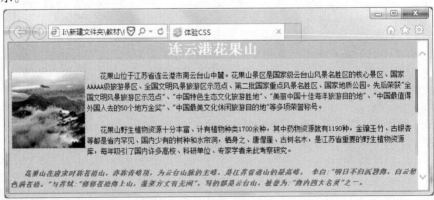

图 5-1　样式美化的网页效果

知识准备

一、CSS 文本相关样式

1. CSS 字体样式属性

字体是给对象设置文本特性的属性，而且是复合属性，所谓复合属性是指该属性是由多种属

性组合而成，在 CSS 中字体用 font 表示，语法形式如下：

```
font : font-style || font-variant || font-weight || font-size || line-height
|| font-family
```

font 代表字体，冒号（:）后面接的就是 font 的参数，而复合属性的参数刚好是其他属性，这样在 font 中，只输入这些单个属性值就行，且每个参数只允许出现一个值，省略某些属性，系统会按其默认值设置，下面是对各单属性作为字体的参数介绍，其中有 normal 作为参数值的一般都是默认值。

（1）设置字体——font-family

font-family 属性用于设置字体。网页中常用的字体有宋体、黑体、微软雅黑等，例如将网页中所有段落文本的字体设置为黑体，可以使用如下 CSS 样式代码：

```
P{ font-family:黑体; }
```

可以同时指定多个字体，中间以逗号隔开，表示如果浏览器不支持第一个字体，则会尝试下一个，直到找到合适的字体。

```
body {font-family:"华文彩云","微软雅黑","黑体";}
```

当应用上面的字体样式时，首先会选择"华文彩云"，如果用户计算机上没有安装该字体，则会选择"微软雅黑"，如果也没有该字体，则会选择"黑体"。如果指定的字体都没有安装，就会选择使用浏览器默认的字体。

使用 font-family 设置字体需要注意以下几点：

① 各种字体之间必须使用英文状态下的逗号分隔开来。

② 中文字体需要加英文状态下的引号，英文字体一般不需要加引号，当设置英文字体时，英文字体名需要位于中文字体名前面。

（2）设置字号——font-size

font-size 属性用于设置字号，该属性的值可以使用相对长度单位，也可以使用绝对长度单位。

绝对大小根据对象字体进行调节。相对大小则是相对于父对象中字体尺寸进行相对调节。例如将网页中所有段落文本的字号大小设置为 12 px,可以使用如下 CSS 样式代码：

```
P{font-size:12px;}
```

（3）设置字体粗细——font-weight

font-weight 属性用于设置字体的粗细，实现对一些字体的加粗显示效果。其属性取值范围为：normal | bold | bolder | lighter | number。

normal 为默认值，表示正常粗细；bold 表示粗体；bolder 表示加粗体；lighter 表示特细体；number 表示还可以取数值，其范围为 100 ~ 900，一般情况下都是整百的数，如 100、200 等。正常字体相当于取数值 400 的粗细，700 等同于 bold，值越大字体越粗。

（4）字体风格——font-style

font-style 属性用于定义字体风格，如设置字体是否为倾斜，其可用属性值如下：

① normal：默认值，浏览器会显示标准的字体样式。

② Italic：浏览器以斜体显示文字。

③ Oblique：属于中间状态，浏览器以偏倾斜的字体显示。

（5）小型的大写字母——font-variant

font-variant 属性用于设置英文字体是否显示为小型的大写字母。仅对英文字符有效。其可以用的属性值如下：

① normal：默认值，浏览器会显示正常字体。

② Small-caps：表示英文显示为小型的大写字母字体。

2. CSS 文本外观属性

为了更好地对文本外观进行控制，CSS 提供了一系列的文本外观样式属性。

（1）文本颜色 color

color 属性用于定义文本的颜色，其取值方式有如下 3 种：

① 预定义的颜色值，如 black、red、green、yellow 等。

② 十六进制，如#FFFFFF、#FF6600、#29D795 等。在平时应用中，十六进制是最常用的定义颜色的方式。

③ RGB，如红色可以表示为 rgb(255,0,0)或 rgb(100%,0%,0%)。

需要注意的是，如果使用 RGB 代码的百分比颜色值，取值为 0 时也不能省略百分号，必须写为 0%。

（2）字间距 letter-spacing 和单词间距 word-spacing

letter-spacing 属性用于定义字间距，所谓字间距就是字符与字符之间的空白。其属性为不同单位的数值，允许使用负值，默认为 normal。word-spacing 属性用于定义英文单词之间的间距，对中文字符无效。和 letter-spacing 一样，其属性值可为不同单位的数值，允许使用负值，默认为 normal。

word-spacing 和 letter-spacing 均可对英文进行设置。不同的是 letter-spacing 定义的为字母之间的间距，而 word-spacing 定义的为英文单词之间的间距。

（3）行间距 line-height

line-height 属性用于设置行间距，就是行与行之间的距离，即字符的垂直间距，一般称为行高。line-height 常用的属性值单位有三种，分别为像素 px、相对值 em 和百分比%，实际工作中使用最多的是像素 px。

（4）文本转换 text-transform

text-transform 属性用于控制英文字符的大小写，其可用属性值如下：

① none：不转换（默认值）。

② capitalize：首字母大写。

③ uppercase：全部字符转换为大写。

④ lowercase：全部字符转换为小写。

（5）文本装饰 text-decoration

text-decoration 属性用于设置文本的下画线、上画线、删除线等装饰效果，其可用属性值如下：

① none：没有装饰（正常文本默认值）。

② underline：下画线。

③ overline：上画线。

④ line-through：删除线。

另外，text-decoration 后可以赋多个值，用于给文本添加多种显示效果，例如希望文字同时有下画线和删除线效果，就可以将 underline 和 line-through 同时赋给 text-decoration。

（6）水平对齐方式 text-align

text-align 属性用于设置文本内容的水平对齐，相当于 HTML 中的 align 对齐属性。其可用属性值如下：

① left：左对齐（默认值）

② right：右对齐

③ center：居中对齐

（7）首行缩进 text-indent

text-indent 属性用于设置首行文本的缩进，其属性值可为不同单位的数值、em 字符宽度的倍数，或相对于浏览器窗口宽度的百分比，允许使用负值，建议使用 em 作为设置单位。

（8）空白符处理 white-space

使用 HTML 制作网页时，不论源代码中有多少空格，在浏览器中只会显示一个字符的空白。在 CSS 中，使用 white-space 属性可设置空白符的处理方式，其属性值如下：

① normal：常规（默认值），文本中的空格、空行无效，满行（到达区域边界）后自动换行。

② pre：预格式化，按文档的书写格式保留空格、空行原样显示。

③ nowrap：空格空行无效，强制文本不能换行，除非遇到换行标记
。内容超出元素的边界也不换行，若超出浏览器页面则会自动增加滚动条。

【例 5-1】设置字体效果，HTML 代码如下，代码文件位于素材"第 5 单元\05-01.html"。

```html
<html>
<head>
<title>体验 CSS 设置字体</title>
<style type="text/css">
h1{font-family:黑体;
text-decoration:underline overline;
    }
p{ font-family: Arial, "Times New Roman";
   font-size:12px;}
#p1{
    font-style:italic;
    text-transform:capitalize;
    word-spacing:10px;
    letter-spacing:-2px;
    }
#p2{
    text-transform:lowercase;
    text-indent:2em;
    }
#firstLetter{
    font-size:3em;
    float:left;
    }
</style>
```

```
</head>
<body>
<h1>花果山</h1>
<p id="p1"><span id="firstLetter">A</span> The flower and fruit mountain scenic
area is the core scenic spot of the national Yuntai Mountain Scenic Area.The
wild plant resources of the flower and fruit mountain are very ric.The flower
and fruit mountain, the main peak of the Yuntai mountains, is the highest peak
in the mountains of Jiangsu province.</p>
<p id="p2">位于江苏省连云港市南云台山中麓,花果山野生植物资源十分丰富。花果山在唐宋时称苍
梧山，亦称青峰顶，为云台山脉的主峰，是江苏省诸山的最高峰。 李白："明日不归沉碧海，白云愁色
满苍梧。"与苏轼："郁郁苍梧海上山，蓬莱方丈有无间"，写的都是云台山。被誉为："海内四大名灵"
之一。</p>
</body>
</html>
```

在 IE 浏览器中打开此网页，效果如图 5-2 所示。

图 5-2   CSS 设置文本效果

二、CSS 背景属性

背景属性也是复合属性，由一系列与背景相关的属性组成，如背景颜色、背景图像等，与 HTML
中的背景不同的是，在 CSS 中背景属性用 background 表示。

背景是指对象在网页中显示的背景颜色或图像，设置背景和前面学习的设置字体一样，也是
复合属性，其语法是用 background 表示，后面接的参数如下：

```
background:background-color | background-image | background-repeat | background
-attachment | background-position
```

复合属性 background 冒号接的这些参数分别表示为背景颜色、背景图像、背景图像的铺排、
背景图像滚动和背景图像的定位。这些值可以是单个的也可以是多个，如是单个的值，其他参数
的值就是默认值，background 的默认值分别为：

```
background:transparent、none、repeat、scroll、0%、0%
```

（1）设置背景颜色 background-color

背景颜色是对象中背景的颜色值，除了可以用复合属性设置外，还可以单独设置背景颜色的
属性，背景颜色的值用 background-color 表示，其完整语法如下：

```
background-color : transparent | color
```

背景颜色 background-color 有两个参数值，前者表示背景色透明，后者直接接颜色值。

（2）设置背景图像 background-image

background-image 表示背景图像，完整语法如下：

```
background-image : none | url (url)
```

值 none 是默认值，表示设置成没有图像的背景，另一值用 url 表示，括号内为图像的路径，表示以 url 里面的图像为背景显示在对象中。

（3）设置背景图像平铺 background-repeat

当使用 background-image 引入背景图像时，默认的是重复铺排的，如果在网页中不想出现重复的现象，要用到 background-repeat 属性来设置背景图像如何铺排，其语法形式如下：

```
background-repeat : repeat | no-repeat | repeat-x | repeat-y
```

属性 background-repeat 参数分别表示如下：

- repeat：默认值。背景图像在纵向和横向上平铺。
- no-repeat：背景图像不平铺。
- repeat-x：背景图像仅在横向上平铺。
- repeat-y：背景图像仅在纵向上平铺。

【例 5-2】CSS 设置背景图像，代码文件位于素材"第 5 单元\05-02.html"。

在【例 5-1】文件的基础上，在样式上添加相应的代码，具体如下：

```
h1{
  font-family:黑体; text-decoration:underline overline;
  background-image:url(bj.png);/*设置背景图像*/
  background-repeat:repeat-x;/*设置背景图像横向铺排*/
  }
p{ font-family: Arial, "Times New Roman";
  font-size:12px;
  background-color:#0CF;/*设置背景颜色*/
}
```

在 IE 浏览器中打开此网页，效果如图 5-3 所示。

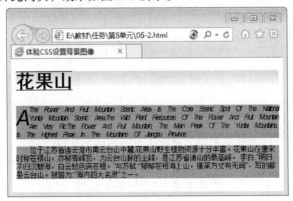

图 5-3　CSS 设置背景图像效果

（4）设置背景图像位置 background-position

背景图像在层背景中，默认值是顶部向左对齐的，但有时为了表现出背景在对象层中的效果，使背景图像为顶部向右对齐等，可以使用 background-position 来设置。在 background-position 属性中，设置两个值：

第一个值：用于设定水平方向的位置，可以选择 left、center 或 right 之一。

第二个值：用于设定竖直方向的位置，可以选择 top、center 或 bottom 之一。

【例5-3】CSS 设置背景图像，设置背景图像出现在右下角。代码文件位于素材"第 5 单元 \05-03.html"。

```
<html >
<head>
<title>设置背景图像位置</title>
<style type="text/css">
body{
    background-image:url(bj.png);
    background-repeat:no-repeat;
    background-position:right bottom;
    }
p{
    font-size:12px;
    line-height:20px;
    }
</style>
</head>
<body>
<p >花果山位于江苏省连云港市南云台山中麓,花果山野生植物资源十分丰富。花果山在唐宋时称苍梧
山，亦称青峰顶，为云台山脉的主峰，是江苏省诸山的最高峰。</p>
</body>
</html
```

保存页面，在 IE 浏览器中打开此网页，这时可以看到，背景图像设置为不铺排，效果如图 5-4 所示。

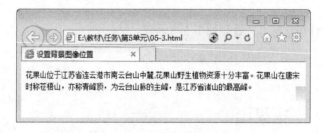

图 5-4　CSS 设置背景图像位置

此外，也可以使用具体的数值来精确地确定背景图像的位置。

【例 5-4】将上面代码部分内容做如下改动，保存页面，在 IE 浏览器中打开此网页，效果如图 5-5 所示，代码文件位于素材"第 5 单元\05-04.html"。

```
body{
    background-image:url(bj.png);
    background-repeat:no-repeat;
    background-position:100px 20px;
}
```

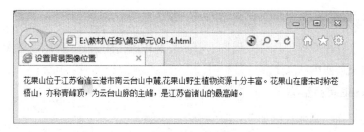

图 5-5 CSS 设置背景图像位置

（5）背景图像滚动 background-attachment

背景图像滚动是指背景图像是随对象内容滚动还是让背景图像固定，本属性常常在博客中看到，如滑动鼠标滚轮使网页内容往下翻，而背景图像不动，这种效果就利用了图像的滚动。

图像的滚动用 background-attachment 表示，后面接参数时的完整语法如下：

```
background-attachment : scroll | fixed
```

参数 scroll 为默认值，表示图像因内容滚动而滚动；参数 fixed 表示背景图像固定在网页中。

【例 5-5】CSS 设置背景图像滚动，代码文件位于素材"第 5 单元\05-05.html"。

```
<html>
<head>
<style type="text/css">
#main{
    background-image:url(bj.png);
    background-repeat:no-repeat;
    background-attachment:scroll;
}
</style>
</head>
<body>
<textarea id=main>
aaaaaaaaaaa<br>
bbbbbbbbbbb<br>
ccccccccccc<br>
ddddddddddd<br>
</textarea>
</body>
```

在 IE 浏览器中打开此网页，效果如图 5-6 所示。

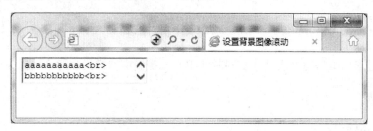

图 5-6 CSS 设置背景图像滚动

任务实现

本任务将综合应用 CSS 字体样式属性、CSS 文本外观属性、CSS 背景属性和 CSS 基础选择器制作页面，从而使页面中的文字、段落和图片等内容更加整齐美观。任务实现步骤如下：

1. 制作 HTML 页面结构

新建 HTML 页面，具体代码如下：

```
<html>
<body>
<h1>连云港花果山</h1>
<img  src="hgs.png" width="128" height="128"/>
<p  class="p1"><span>花果山</span>位于江苏省连云港市南云台山中麓。花果山景区是国家级
云台山风景名胜区的核心景区、国家 AAAAA 级旅游景区、全国文明风景旅游区示范点、第二批国家重
点风景名胜区、国家地质公园。先后荣获"全国文明风景旅游区示范点"、"中国特色生态文化旅游胜地
"、"美丽中国十佳海洋旅游目的地"、"中国最值得外国人去的 50 个地方金奖"、"中国最美文化休闲
旅游目的地"等多项荣誉称号。
</p>
<p  class="p2">
花果山野生植物资源十分丰富、计有植物种类 1700 余种，其中药物资源就有 1190 种，金镶玉竹、古
银杏等都是省内罕见、国内少有的树种和水帘洞，栖身之、唐僧崖、古树名木，是江苏省重要的野生植
物资源库，每年吸引了国内许多高校、科研单位、专家学者来此考察研究。
 </p>
 <p class="p3">花果山在唐宋时称苍梧山，亦称青峰顶，为云台山脉的主峰，是江苏省诸山的最高
峰。李白："明日不归沉碧海，白云愁色满苍梧。"与苏轼："郁郁苍梧海上山，蓬莱方丈有无间"，写的
都是云台山。被誉为："海内四大名灵"之一。</p>
</body>
</html>
```

最外层是一个<div>，id 设置为"#container"。

2. 定义 CSS 样式

上面使用 HTML 标记定义了没有样式修饰的页面内容，下面需要使用 CSS 对文本进行控制。这里为了编辑方便，使用内嵌式引入 CSS。

添加 CSS 样式，具体代码如下：

```
<style type="text/css">
body{margin:0px; background-color:#CCCCFF;}
h1{ color:#FFF; background-color:#9CF; font-size:25px;
 font-weight:bold;  text-align:center;  }
img{float:left;border:1px #9999CC dashed;}
p{font-size:12px;text-indent:2em;line-height:1.5;}
.p1{border-right:4px red double ;}
.p2{border-right:4px orange double ;}
.p3{color:#090;font-weight:bold;font-style:italic; }
</style>
```

至此，通过 HTML 搭建网页结构，同时使用 CSS 控制文本样式和背景样式完成页面的制作。

任务拓展

1. 网页文本的引入

在 Dreamweaver CS6 设计界面中，网页文本可以使用如下几种插入方式。

（1）直接通过键盘输入

这是最基本的录入方法，前面章节已经介绍过。需要注意的是，在 Dreamweaver 中，当按【 Enter 】键时，Dreamweaver 会创建一个新的段落，如果想在一行文本后面加入一个换行符，需要按【 Ctrl+Enter 】组合键。

（2）从 Word 文档或其他的文件中复制或粘贴

打开 Word 文档，选中一段，复制文本内容，按【 Ctrl+V 】组合键将文本粘贴到 Dreamweaver 中，Dreamweaver 会为文本添加一个段落标记，Word 文档中文本原有的格式会被清除掉。单击"编辑 | 选择性粘贴"菜单项，Dreamweaver 将弹出图 5-7 所示的"选择性粘贴"对话框。

在该对话框中，可以指定粘贴的文本内容是否包含格式，也可以单击"粘贴首选参数"按钮，打开"首选参数"对话框中的"复制／粘贴"选项窗口，在该窗口中设置选择性粘贴的默认选项。在选中了合适的选项后，单击"确定"按钮，可以看到 Dreamweaver 对 Word 的格式进行了一些转换，产生了一系列的 CSS 和格式化代码。

图 5-7 "选择性粘贴"对话框

尽管 Dreamweaver 很智能地完成了格式化工作，但是由于自动产生的代码不是非常精炼，因此建议在动态产生代码基础之上再进行修改。

（3）从其他外部文件中导入

单击主菜单中的"文件" | "导入" | "Word 文档"菜单项，将弹出"选择 Word 文档"对话框，在此对话中选择要导入的 Word 文档，单击"确定"按钮，在 Dreamweaver 的文档视图中即可看到新导入的文档。

2．格式化文本

在设计界面可以使用 Dreamweaver 的属性面板对文本进行格式化，属性面板提供了对所选文本的字体、字号和颜色等的格式化设置，也可以使用 CSS 格式化文本。

对格式化文本应用 CSS 样式是目前的一种标准，因此一般情况下总是建议使用 CSS 对文本进行格式化，步骤如下：

① 选定上面导入的文本，在属性面板中单击 CSS 图标，将看到 CSS 选项设置窗口。

② 在"目标规则"下拉列表中，创建一条新的 CSS 规则，也可以从下拉列表中选中已有的规则进行添加或更改。在这里使用默认的"新 CSS 规则"项。单击"编辑规则"按钮，将弹出"新建 CSS 规则"窗口。由于导入的文本是一个被标签包围起来的段落，因此在这里使用标签选择器，指定为 p 元素应用样式，并且样式保存在当前文档中。Dreamweaver 会弹出"样式规则设置"窗口，在该窗口中可以为所有的 p 元素设置样式。

③ 设置一个样式规则之后，属性面板的格式化设置就会显示该规则的样式，可以在属性面板中直接可视化地更改 CSS 样式，如图 5-8 所示。

图 5-8　属性面板显示样式

图 5-8 中可以设置 CSS 中的字体、字号、颜色、粗细及对齐等特性，设置完成之后，就可以在样式规则所在的位置，查看所应用的 CSS 样式，切换到代码界面，可以看到上面的设置将产生如下所示的 CSS 代码：

```
<title>输入文档示例</title>
<style type="text/css">
p {
font-family: "幼圆";
font-size: 12pt;
color: #F00;}
</style>
```

也可以打开 CSS 面板查看所创建的 CSS 样式，如果 CSS 面板没有显示在界面上，可以单击主菜单的"窗口"｜"CSS 样式"菜单项，在 CSS 面板的当前或所有样式规则窗口上，可以看到刚刚创建的 CSS 样式。

课 后 实 训

实训目的

- 掌握 CSS 文本外观属性的用法。
- 熟练运用 CSS 文本外观属性控制文本效果。
- 熟练运用标记选择器控制元素。

实训内容

浏览网页时会发现网页中有各式各样的字体，颜色也五颜六色。为了方便地控制网页中的字体，CSS 提供了一系列的字体样式属性，主要包括：font-size、font-family、font-weight、font-variant、font-style、font 属性。通过使用以上属性来控制字体的样式，并通过不同的字体属性来对比不同的显示效果，完成效果如图 5-9 所示。

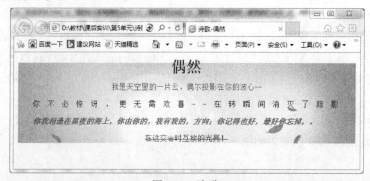

图 5-9　诗歌

单 元 小 结

本单元主要介绍了 CSS 文本相关样式和 CSS 背景属性，以及背景的设置方法，包括背景色和背景图像，特别是背景图像的具体属性，包括位置、平铺等内容。最后使用 CSS 字体及文本样式属性，并结合不同的选择器实现任务的页面效果

通过对本单元的学习可以知道，对于 CSS 文本样式属性，主要可以分为两类：以"font"开头的属性和以"text"开头的属性。以"font"开头的属性，例如 font-size，font-family 等都与字体相关；而以"text"开头的属性，例如 text – indent、text – aign 等都是与文本排版格式相关的属性，除此之外，就是一些单独的属性了，比如设置颜色的 color 属性、设置行高的 line – height 属性等，根据以上规律可方便记忆。

单元 6 | 盒子模型

盒子模型是 CSS 控制页面一个非常重要的概念，只有很好地理解盒子模型以及属性的用法，才能真正地控制好页面中的各个元素。页面中的所有元素都可以看成一个盒子，占据着一定的页面空间。一般来说，这些被占据的空间往往都要比单纯的内容大。可以通过调整盒子的边框和距离等参数，来调节盒子的位置和大小。

一个页面由多个盒子组成，这些盒子之间会互相影响，因此盒子模型需要从两方面来理解：一是理解一个孤立的盒子的内部结构；二是理解多个盒子之间的相互关系。本单元主要介绍盒子模型的基本概念以及盒子之间的关系。

任务　海天酱页面布局

任务描述

盒子模型是 CSS 控制页面的基础。DIV+CSS 是"Web 标准"中常用术语之一，它是一种网页的布局方法。与传统的通过表格（table）布局定位的方式不同，它可以实现网页页面内容与表现相分离。

本任务将通过海天酱网页页面的 DIV+CSS 布局，简单引入 DIV+CSS 布局技术。盒子模型是 DIV+CSS 布局中要用到的关键技术，通过给盒子设置边框，以达到修饰和美化的效果。海天酱页面效果图如图 6-1 所示。

图 6-1　海天酱网页效果图

知识准备

一、初识盒子模型

盒子模型是 CSS 网页布局的基础，只有掌握了盒子模型的各种规律和特征，才可以更好地控制网页中各个元素所呈现的效果。生活中我们经常看到墙上的画框，如图 6-2 所示。

对于每幅画来说，都有一个"边框"，英文称为"border"；每个画框中，画和边框通常有一定的距离，这个距离称为"内边距"，英文称为"padding"；画与画之间通常会留有一定的距离，这个距离称为"外边距"，英文称为"margin"。因此，padding-border-margin 模型是一种通用的描述矩形对象布局形式的方法。这些矩形对象可以称为"盒子"，英文称为"Box"。

同样，在网页布局中，为了能够使复杂的各个部分合理地进行组织，在这个领域总结出一套完整的、行之有效的原则和规范，这就是盒子模型的由来。

所谓盒子模型，就是把 HTML 页面中的元素看作一个矩形的盒子，也就是一个盛装内容的容器。每个矩形都由元素的内容、内边距（padding）、边框（border）和外边距（margin）组成，如图 6-3 所示。

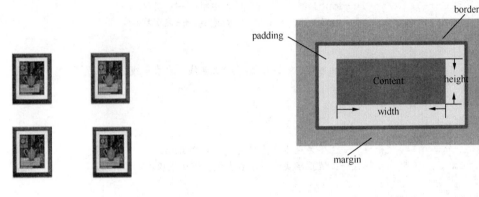

图 6-2　画框示意图　　　　　　　　　　　　　图 6-3　盒子模型

虽然盒子模型拥有内边距、边框、外边距、宽和高这些基本属性，但是并不要求每个元素都必须定义这些属性。一个盒子实际所占有的宽度或高度是由"内容+内边距+边框+外边距"组成的。在 CSS 中，可以通过设定 Width 和 Height 的值来控制内容所占的矩形的大小，并且对于任何一个盒子，都可以分别设定 4 条边各自的 border、padding 和 margin。因此只要利用好这些属性就能够实现各种排版效果。

二、盒子模型相关属性

1. 边框属性

边框是对象的边界框图，用来设置对象的边框样式，语法用 border 表示，是复合属性，由颜色、样式和宽度组成，其语法完整表示如下：

```
border : border-width || border-style || border-color
```

（1）设置边框样式（border-style）

边框样式用于定义页面中边框的风格，常用属性值如下：

● none：没有边框，即忽略所有边框的宽度（默认值）。

- solid：边框为单实线。
- dashed：边框为虚线。
- dotted：边框为点线。
- double：边框为双实线。

使用 border-style 属性综合设置四边样式时，必须按上右下左的顺时针顺序，省略时采用值复制的原则，即一个值为四边，两个值为上下/左右，三个值为上/左右/下。

【例 6-1】用属性值定义边框样式，HTML 和 CSS 代码如下（代码文件位于素材"第 6 单元 \06-01.html"）。

```
<html >
<head>
<title>设置边框样式</title>
<style type="text/css">
h2{ border-style:solid}                    /*4 条边框相同——实线*/
.p1{
    border-top-style:dotted;               /*上边框——点线*/
    border-bottom-style:dotted;            /*下边框——点线*/
    border-left-style:double;              /*左边框——双实线*/
    border-right-style:solid;              /*右边框——单实线*/
    }
.p2{
    border-style:solid dotted dashed; /*上实线、左右点线、下虚线*/ }
</style>
</head>
<body>
<h2>边框样式—实线</h2>
<p class="p1">边框样式—上下为点线左为双实线右为单实线</p>
<p class="p2">边框样式—上边框单实线、左右点线、下边框虚线</p>
</body>
</html>
```

在 IE 浏览器中打开此网页，效果如图 6-4 所示。

图 6-4　设置边框样式

（2）设置边框宽度（border-width）

- borer-top-width：上边框宽度。
- borer-right-width：右边框宽度。
- borer-bottom-width：下边框宽度。
- borer-left-width：左边框宽度。
- borer- width：上边框宽度 [右边框宽度 下边框宽度　左边框宽度]。

综合设置四边宽度必须按上右下左的顺时针顺序，省略时采用值复制的原则，即一个值为四边，两个值为上下/左右，三个值为上/左右/下。

（3）设置边框颜色（border-color）

- border-top-color：上边框颜色。
- border-right-color：右边框颜色。
- border-bottom-color：下边框颜色。
- border-left-color：左边框颜色。
- border- color：上边框颜色 [右边框颜色 下边框颜色 左边框颜色]。

其取值可为预定义的颜色值、#十六进制、rgb(r,g,b)或 rgb(r%,g%,b%)，实际工作中最常用的是#十六进制。

边框的默认颜色为元素本身的文本颜色，对于没有文本的元素，例如只包含图像的表格，其默认边框颜色为父元素的文本颜色。

综合设置四边颜色必须按顺时针顺序，省略时采用值复制的原则，即一个值为四边，两个值为上下/左右，三个值为上/左右/下。

（4）综合设置边框

边框属性是复合属性，是由上端、右端、下端和左端边框属性组成的复合属性，也可以单独设置某一方向的边框，如只设置对象顶端的边框，以区分其他的边框。为了实现在不同方向设置边框属性，需要对不同边框方向的属性进行设置。

在网页中表示的边框都是矩形的，即由上下左右的边框围成对象，在本书中也称之为顶端、右端、底端和左端的边框。通过边框方向属性可以设置边框在不同位置的边框值，具体如下：

- border-top：表示顶端的边框。
- border-right：表示右端的边框。
- border-bottom：表示底端的边框。
- border-left：表示左端的边框。
- border：四边宽度、样式、颜色。

【例 6-2】用属性值定义边框样式，HTML 和 CSS 代码如下（代码文件位于素材"第 6 单元\06-02.html"）。

```
<html >
<head>
<title>综合设置边框</title>
<style type="text/css">
p
{   width:200px;
    height:50px;
    margin-top:5px;
}
#p1{border-top:3px dotted red;}
#p2{border-right:5px dashed green;}
#p3{border-left:8px ridge blue;}
#p4{border-bottom: 4px solid #906;}
```

```
#p5{border:1px solid orange;}
</style>
</head>
<body>
<body>
<p id="p1">上边框的样式为点线，颜色为红色，宽度为 3px。</p>
<p id="p2">右边框的样式为虚线，颜色为绿色，宽度为 5px。</p>
<p id="p3">左边框样式为立体凸槽，颜色为蓝色，宽度为 8px。</p>
<p id="p4">下边框样式为实线，颜色为#906，宽度为 4px。</p>
<p id="p5">边框样式为实线，颜色为橙色，宽度为 1px 。</p>
</body>
</html>
```

在 IE 浏览器中打开此网页，效果如图 6-5 所示。

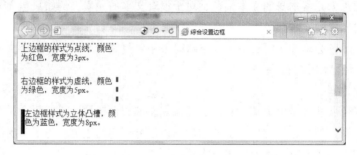

图 6-5　综合设置边框

2．外边距属性

网页是由多个盒子排列而成的，要想拉开盒子与盒子之间的距离，合理地布局网页，就需要为盒子设置外边距。所谓外边距，指的是元素边框与相邻元素之间的距离。外边距用 margin 表示，后面参数是数值或百分率，表示具体的精确宽度。内联对象要用 margin，先设定对象的 height 或 width 属性，或设定 position 属性为 absolute。参数还可以用字母 auto 表示，那么它的值是相对边的值，其语法形式如下：

```
/*CSS 代码: 设置外补丁*/
margin : auto | length
```

属性 margin 可以用数值或百分率表示，而且表示方式有 4 种：

① 后面接 4 个数值或百分率值，表示上右下左，即按顺时针顺序表示外延边的值，如 margin:10px 20px 25px 30px；这条语句表示对象的外补丁到上端外延距离为 10 像素，到右端外延距离为 20 像素，到底端外延距离为 25 像素，到左端外延距离值为 30 像素。

② 后面只接一个数值或百分率值，表示的是四周的外延值。如 margin:20px；这语句表示对象的上右下左的外延值都是 20 像素。

③ 后面只接两个数值或百分率时，前一数值或百分率表示上下的外延值，后一数值或百分率表示左右的外延值。这种情况在上下和左右值相同时使用方便些。

④ 后面只接三个数值或百分率时，第一个数值或百分率表示上端的外延值，而第二个数值或百分率表示左右的外延值，最后一个表示下端的外延值。

外边距还可以分别设置四个方向的外边距。

① margin-top：设置顶部外延距离，其值可接 auto，表示相对边的值，另一值可以是数值或百分率，表示一个数值的距离，百分数是基于父对象的高度。

② margin-right：设置右边的外延距离。参数值 auto 表示自适应，length 的值是精确值，表示右边的外延值距离，可以为正值或负值。

③ margin- bottom：设置底部的外延距离。参数值 auto 表示自适应，length 的值是精确值，表示底部的外延值距离，可以为正值或负值。

④ margin-left：设置左边的外延距离。参数值 auto 表示自适应，length 的值是精确值，表示左边的外延值距离，可以为正值或负值。

【例 6-3】用属性值定义边框样式，HTML 和 CSS 代码如下（代码文件位于素材"第 6 单元\06-03.html"）。

```html
<html >
<head>
<title>margin 基本语法</title>
<style type="text/css">
html,body
{
    margin:0px;
    padding:0px;
}
div
{
    width:200px;
    border:1px solid red;
}
#m1
{
    margin:20px;
}
#m2
{
    margin:35px 40px;
}
#m3
{
    margin:20px 30px 40px;
}
#m4
{
    margin:20px 10px 5px -20px;
}
</style>
</head>
<body>
<div id="m1" >margin 为 1 个值时</div>
<div id="m2">margin 为 2 个值时</div>
<div id="m3">margin 为 3 个值时</div>
```

```
<div id="m4">margin 为 4 个值时</div>
</body></html>
```

在 IE 浏览器中打开此网页，效果如图 6-6 所示。

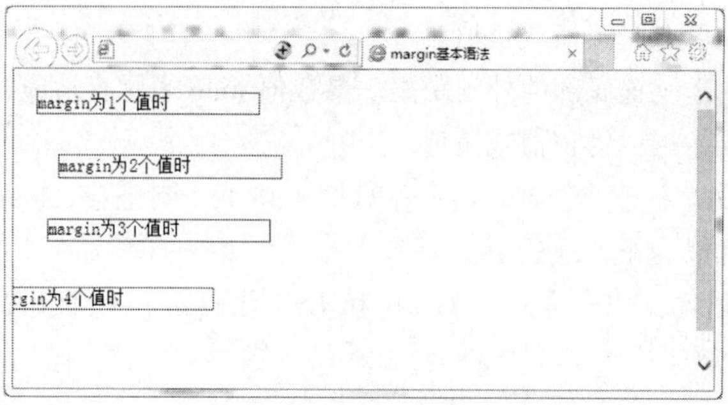

图 6-6　margin 基本语法

3. 内边距属性

padding 又称内边距，用于控制内容和边框之间的距离，是复合属性，其完整语法形式如下：

```
padding : length
```

参数 length 表示百分率或数值，百分率基于父对象的宽度，不能为负值，也不能为 auto，这点与 margin 不同（margin 的参数中可以是负值和 auto）。为了调整内容在盒子中的显示位置，常常需要给元素设置内边距，所谓内边距指的是元素内容与边框之间的距离，也常常称为内填充。

在 CSS 中 padding 也是复合属性，其相关设置如下：

- padding-top：上边距。
- padding-right：右边距。
- padding-bottom：下边距。
- padding-left：左边距。
- padding：上边距 [右边距 下边距 左边距] 。

在上面的设置中，padding 相关属性的取值可为：auto 自动（默认值）、不同单位的数值、相对于父元素（或浏览器）宽度的百分比，实际工作中最常用的是像素值，不允许使用负值。

同外边距相关属性一样，使用复合属性 padding 定义内边距时，必须按顺时针顺序，省略时，采用值复制的原则：一个值为四边、两个值为上下/左右，三个值为上/左右/下。

【例 6-4】用属性值定义边框样式，HTML 和 CSS 代码如下（代码文件位于素材"第 6 单元\06-04.html"）。

```
<html >
<head>
<title>内边距 padding 实例</title>
<style type="text/css">
div
{
    border:1px solid red;
    width:200px;
}
```

```
#p1
{
    padding-top:20px;
    background:blue;
}
#pp1
{
    background:orange;
    height:50px;
}
#p2
{
    padding-right:20px;
    background:blue;
}
#pp2
{
    background:yellow;
    height:50px;
}
#p3
{
    padding-bottom:20px;
    background:blue;
}
#pp3
{
    background:red;
    height:50px;
}
#p4
{
    padding-left:20px;
    background:blue;
}
#pp4
{
    background:gray;
    height:50px;
}
#p5
{
    padding:20px;
    background:blue;
}
#pp5
{
    background:green;
    height:50px;
```

```
}

</style>
</head>
<body>
<div id="p1">
    <div id="pp1">padding-top 设置</div>
</div>
<br>
<div id="p2">
    <div id="pp2">padding-right 设置</div>
</div>
<br>
<div id="p3">
    <div id="pp3">padding-bottom 设置</div>
</div>
<br>
<div id="p4">
    <div id="pp4">padding-left 设置</div>
</div>
<div id="p5">
    <div id="pp5">padding 设置, 综合上面 4 个属性
</div>
</body>
</html><title>综合设置边框</title>
<style type="text/css">
p
{   width:200px;
    height:50px;
    margin-top:5px;
}
#p1{border-top:3px dotted red;}
#p2{border-right:5px dashed green;}
#p3{border-left:8px ridge blue;}
#p4{border-bottom: 4px solid #906;}
#p5{border:1px solid orange;}
</style>
</head>
<body>
<body>
<p id="p1">上边框的样式为点线, 颜色为红色, 宽度为 3px。</p>
<p id="p2">右边框的样式为虚线, 颜色为绿色, 宽度为 5px。</p>
<p id="p3">左边框样式为立体凹槽, 颜色为蓝色, 宽度为 8px。</p>
<p id="p4">下边框样式为实线, 颜色为#906, 宽度为 4px。</p>
<p id="p5">边框样式为实线, 颜色为橙色, 宽度为 1px 。</p>
</body>
</html>
```

在 IE 浏览器中打开此网页, 效果如图 6-7 所示。

图 6-7　内边距属性

三、盒子之间的关系

实际上，单独的一个盒子比较容易理解，一个网页中往往存在很多的盒子，并且盒子之间以各种关系相互影响着。为了适应网页中的各种排版要求，CSS 规范的思路是：首先确定一种标准的排版模式，这个就是"标准流"。但仅通过标准流方式，很多排版是无法实现的，CSS 规范中又给出了另外几种对盒子进行布局的方法，包括通过"浮动"和"定位"等属性对某些元素进行特殊排版。

1. DOM 树

一个 HTML 文档从表面看是文本文件，从逻辑上看则具有内在的层次关系。"树"可以表示具有层次关系的结构。

任意一个 HTML 文档都对应一棵 DOM 树，body 是所有对象的根结点。而该 DOM 树的结点如何在浏览器中表现，则由 CSS 确定，即 HTML 控制网页的结构，CSS 控制网页的表现。图 6-8 所示为 DOM 树与页面布局的对应关系。

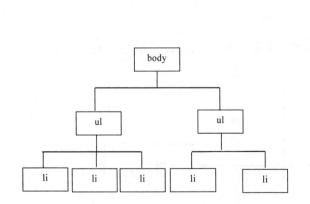

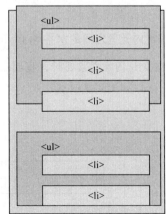

图 6-8　DOM 树与页面布局的对应关系

2．标准文档流

"标准文档流"（Normal Document Stream），简称"标准流"，是指在不使用其他与排列和定位相关的特殊 CSS 规则时，各种元素的排列规则。

如图 6-8 中，共有四层结构，顶层为 body，第二层为 ul，第三层为 li，第四层为文本。这四种元素分为两类：

（1）块级元素（block level）

li 占据着一个矩形的区域，并且和相邻的 li 依次竖直排列，不会排在同一行中。ul 也具有同样的性质，占据着一个矩形的区域，并且和相邻的 ul 依次竖直排列，不会排在同一行中。这类元素称为"块级元素"，即它们总是以一个块的形式表现出来，并且跟同级的兄弟块依次竖直排列，左右撑满。

常见的块标记：address、block、div、dl、fieldset、form、h1 ~ h6、menu、ol、ul、p、table。

（2）行内元素（inline）

对于文字这类元素，各个字母之间横向排列，到最右端自动折行，这就是另一种元素，称为"行内元素"。比如<strong></strong>标记，就是一个典型的行内元素，这个标记本身不占有独立的区域，仅仅是在其他元素的基础上指出了一定的范围。再比如，最常用的<a>、<span>标记。

3．<div>标记与<span>标记

在 CSS 排版的页面中经常使用<div>和<span>标记。<div>是一个块级容器标记，可以容纳段落、标题、表格、图片，乃至章节、摘要和备注等各种 HTML 元素。可以把 div 当做一个独立的对象，用 CSS 进行控制。

<span>和<div>一样，在 HTML 元素中可以作为独立的对象进行处理。两者的区别在于<div>是一个块级元素，<span>仅仅是一个行内元素，在它的前后都不会换行。<span>没有结构上的意义，纯粹是应用样式，当其他行内元素都不适合时，就可以用<span>标记。<div>标记可以包含<span>，<span>不可以包含<div>。

四、盒子在标准流中的定位原则

如果想要精确地控制盒子的位置，就必须对 margin 有更深入地了解。padding 只存在于一个盒子内部，所以通常它不会涉及与其他盒子之间的关系和相互影响的问题。margin 则用于调整不同的盒子之间的位置关系。

1．行内元素之间的水平 margin

当两个行内元素紧邻时，它们之间的距离为第 1 个元素的 margin-right 加上第 2 个元素的margin-left，如图 6-9 所示。

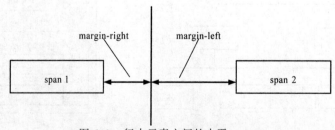

图 6-9　行内元素之间的水平 margin

【例 6-5】行内元素之间的水平 margin，HTML 和 CSS 代码如下（代码文件位于素材"第 6 单元\06-05.html"）。

```html
<html >
<head>
<title>行内元素之间的 margin</title>
<style type="text/css">
span{
    text-align:center;
    font-family:Arial;
    padding:10px;
}
span.left{
    margin-right:30px;
    background-color:#FF0;
}
span.right{
    margin-left:50px;
    background-color:#6F6;
}
</style>
</head>
<body>
    <span class="left">行内元素 1</span><span class="right">行内元素 2</span>
</body>
</html>
```

在 IE 浏览器中打开此网页，效果如图 6-10 所示。

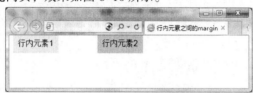

图 6-10　行内元素之间的水平 margin

从执行结果可以看到两个元素之间的水平距离为：30 px+50 px=80 px。

2. 块级元素之间的竖直 margin

如果不是行内元素，而是竖直排列的块级元素，margin 的取值情况会有所不同。两个块级元素之间的距离不是 margin-bottom 与 margin-top 的总和，而是两者中的较大者，如图 6-11 所示。这个现象称为 margin 的"塌陷"（或称为"合并"）现象，意思是说较小的 margin 塌陷（合并）到了较大的 margin 中。

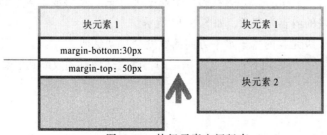

图 6-11　块级元素之间竖直 margin

【例 6-6】块级元素之间竖直 margin，HTML 和 CSS 代码如下（代码文件位于素材"第 6 单元 \06-06.html"）。

```
<html >
<head>
<title>两个块级元素的 margin</title>
<style type="text/css">
div{
    background-color:#a2d2ff;
    width:200px;
    text-align:center;
    font-family:Arial;
    font-size:12px;
    padding:10px;
}
</style>
</head>
<body>
    <div style="margin-bottom:30px;">块元素 1</div>
    <div style="margin-top:50px;">块元素 2</div>
</body>
</html>
```

在 IE 浏览器中打开此网页，效果如图 6-12 所示。

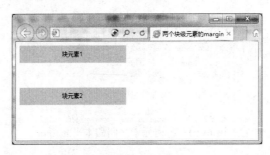

图 6-12　块级元素之间竖直 margin

从执行结果可以看到两个块之间的竖直距离为 50 px。假设将块元素 1 的 margin-bottom 修改为 40 px，发现再次执行，结果没有任何变化。

3. 嵌套盒子之间的 margin

除了行内元素间隔和块级元素间隔这两种关系外，还有一种父子关系，它的 margin 值对 CSS 排版也有重要的作用。当一个<div>块包含在另一个<div>块中时，便形成了典型的父子关系。其中子块的 margin 将以父块的内容为参考，如图 6-13 所示。

在标准流中，一个块级元素的盒子水平方向的宽度会自动延伸，直至上一级盒子的限制位置。对于高度，div 都是以里面的内容的高度来确定的，也就是会自动收缩到能容纳下内容的最小高度。

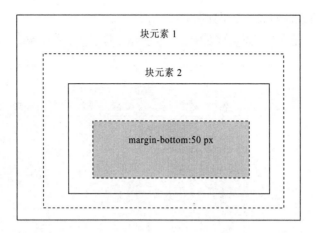

图 6-13　父子块之间的 margin

【例 6-7】父子块之间的 margin，HTML 和 CSS 代码如下（代码文件位于素材"第 6 单元\06-07.html"）。

```
<<html >
<head>
<meta http-equiv="Content-Type" content="text/html; charset=utf-8" />
<title>父子块的 margin</title>
<style type="text/css">
<!--
div.father{                   /* 父 div */
    background-color:#fffebb;
    text-align:center;
    font-family:Arial, Helvetica, sans-serif;
    font-size:12px;
    padding:10px;
    border:1px solid #000000;

}
div.son{                     /* 子 div */
    background-color:#a2d2ff;
    margin-top:30px;
    margin-bottom:0px;
    padding:15px;
    border:1px dashed #004993;
}
-->
</style>
</head>
<body>
    <div class="father">
        <div class="son">子 div</div>
    </div>
</body>
</html>
```

在 IE 浏览器中打开此网页，效果如图 6-14 所示。

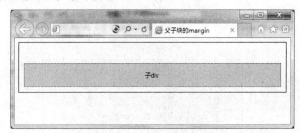

图 6-14　父子块之间的 margin

任务实现

本任务网站结构设计示意图如图 6-15 所示。

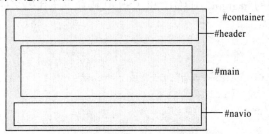

图 6-15　网站结构设计示意图

任务实现分为以下几步：

1. 网页头部信息与基础样式的编写

首先制作页面头部信息，主要包括页面标题和样式文件链接等。新建 HTML 文档，代码如下：

```
<head>
<meta http-equiv="Content-Type" content="text/html; charset=utf-8" />
<title>海天拌饭酱</title>
<link href="style.css" rel="stylesheet"  type="text/css" />
</head>
```

新建样式文件"style.css"页面的基础样式，其代码如下：

```
body{
    margin:0;
    padding:0;
    font-family:Arial;
    font-size:12px;
    background:F4EBCF;
ul{
    list-style-type:none;
    margin:0;
    padding:0;
}
```

2.主页页面布局

主页直接放置在一个 DIV 标记中，最外层是一个<div>，id 设置为"#container"，里层含有三个<div>，id 分别设置为"#header"、"#main"和"#navio"。

核心代码如下：

```
<body>
<div id="container">
  <div id="header"> </div>
  <div id="main">
    <img src="images/about .jpg"/>
  </div>
  <div id="navio">
    <ul>
    <li><a href="#">Home</a></li>
    <li><a href="#">About Us</a></li>
    <li><a href="#">New product </a></li>
    <li><a href="#">Contact</a></li>
    <li><a href="#">Contact</a></li>
    </ul>
  </div>
</div>
</body>}
```

3. CSS 样式

（1）主页面样式

```
#container{
    width:765px;
    margin:10px auto;
    background:F4EBCF;
}
```

（2）网页页眉 header 部分的 CSS 代码编写如下：

```
#header{
    border-top:2px  #870101 solid;
    border-bottom:6px  #870101 solid;
    height:90px;
    background-image:url(images/header.png);
    background-repeat:no-repeat;

}
```

（3）网页 main 部分的 CSS 代码编写如下：

```
#main{
    margin:15px auto;
    border: 1px solid #006600;
    width:700px;
    height:460px;
}
```

（4）网页 navio 部分的 CSS 代码如下：

```
#navio{
    width:765px;
```

```
    height:50px;
    background-image:url(images/bg.png);
    background-repeat:no-repeat;
    margin:0;
}
#navio li {
    float:left;
    padding: 20px 50px 0;
}
#navio li a{
    color:white;
    text-decoration:none;
    font-weight:bolder;
}
```

至此，通过 HTML 搭建网页结构，同时使用 DIV+CSS 布局完成简单的页面制作。后面章节中会介绍复杂的多列布局。

任务拓展

1. 盒子宽度

网页是由多个盒子排列而成的，每个盒子都有固定的大小，在 CSS 中使用宽度属性 width 和高度属性 height 对盒子的大小进行控制。width 和 height 的属性值可以为不同单位的数值或相对于父元素的百分比，多数情况下最常使用的单位是像素。

大多数浏览器都采用 W3C 规范，符合 CSS 规范的盒子模型的总宽度和总高度的计算原则是：

盒子的总宽度=width+左右内边距之和+左右边框宽度之和+左右外边距之和。

盒子的总高度=height+上下内边距之和+上下边框宽度之和+上下外边距之和。

宽度属性 width 和高度属性 height 仅适用于块级元素，对行内元素无效（<img/>标记和<input/>除外）。

计算盒子模型的总高度时，还需要考虑上下两个盒子垂直外边距合并的情况。

2. 元素类型转换

HTML 标记语言提供了丰富的标记，用于组织页面结构。为了使页面结构的组织更加轻松合理，HTML 标记被定义成了不同的类型，一般分为块标记和行内标记，也称块元素和行内元素。

块元素在页面中以区域块的形式出现，其特点是每个块元素通常都会独自占据一整行或多整行，可以对其设置宽度、高度、对齐等属性，常用于网页布局和网页结构的搭建。

行内元素也称内联元素或内嵌元素，其特点是，不必在新的一行开始，同时，也不强迫其他的元素在新的一行显示。一个行内元素通常会和它前后的其他行内元素显示在同一行中，它们不占有独立的区域，仅仅靠自身的字体大小和图像尺寸来支撑结构，一般不可以设置宽度、高度、对齐等属性，常用于控制页面中文本的样式。

网页是由多个块元素和行内元素构成的盒子排列而成的，如果希望行内元素具有块元素的某些特性，例如可以设置宽高，或者需要块元素具有行内元素的某些特性，例如不独占一行排列，就可以使用 display 属性对元素的类型进行转换。

display 属性常用的属性值和含义如下：

block：此元素将显示为块元素（块元素默认的 display 属性值）。

inline：此元素将显示为行内元素（行内元素默认的 display 属性值）。

inline-block：此元素将显示为行内块元素，可以对其设置宽高和对齐等属性，但是该元素不会独占一行。

none：此元素将被隐藏，不显示，也不占用页面空间，相当于该元素不存在。

课 后 实 训

制作课程目录

实训目的

掌握盒子模型的边框属性、内边距属性、外边距属性。

实训内容

课程目录包含标题和内容两部分，其中内容部分为带有超链接功能的列表，链接文本默认为黑色，给最外层的大盒子指定宽高，并为其设置边框，盒子的上部为标题。完成效果如图 6-16 所示。

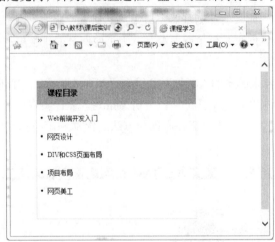

图 6-16　课程目录

单 元 小 结

本单元首先介绍了盒子模型的概念、与盒子模型相关的属性，然后讲解了 DOM 树、标准文档流、块元素、行内元素，最常用的块元素<div>与行内元素<span>，元素类型的转换以及盒子在标准流中的定位原则。制作完成一个常见的盒子模型效果——海天酱页面布局。

通过本章的学习，应该能够熟悉盒子模型的构成，熟练运用盒子模型相关属性控制网页中的元素，理解块元素与行内元素的区别以及盒子在标准流中的定位原则。

单元 7 | 盒子的定位和浮动

前面单元介绍了盒子模型以及在标准流情况下盒子的相互关系。页面排版如果仅仅按照标准流的方式，就只能用几种方式进行排版。因此，CSS 又给出了若干不同的手段以实现各种排版需要。本单元主要介绍 CSS 的两个重要属性：position 和 float。

任务　美食页面布局

任务描述

默认情况下，网页中的元素会在浏览器窗口中从上到下或从左到右一一罗列。如果仅仅按照这种默认的方式进行排版，网页难免单调、混乱。为了使网页的排版更加丰富、合理，在 CSS 中可以对元素设置浮动和定位样式。

随着互联网的发展，越来越多的人依靠互联网来寻找商业机会。一个地方的特色美食的展示，将为地方带来一定的机会和客户。本任务通过分析、策划、设计实现一个完整的案例。虽然页面内容并不复杂，但有助于理解 CSS 的核心原理和方法、浮动和定位的方法。美食网页效果图如图 7-1 所示。

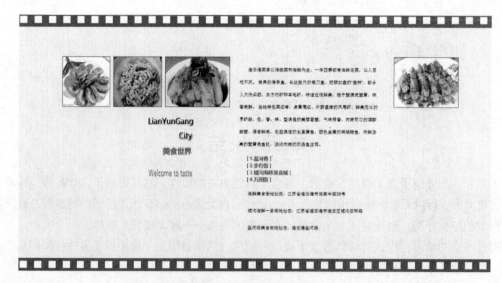

图 7-1　美食网页效果图

知识准备

一、盒子的浮动

所谓元素的浮动是指设置了浮动属性的元素会脱离标准文档流的控制，移动到其父元素中指定位置的过程。

在 CSS 中，通过 float 属性来定义浮动，其基本语法格式如下：

选择器{float:属性值; }

在上面的语法中，常用的 float 属性值有三个，分别表示不同的含义。具体如下：

① left：元素向左浮动。

② right：元素向右浮动。

③ none：元素不浮动（默认值）。

如果页面中的所有元素均不应用 float 属性，则元素的 float 属性值都为其默认值 none。

1．不设置浮动

如果将 float 属性的值设置为 left，元素将会向其父元素的左侧靠紧，同时默认的情况下，盒子的宽度不再伸展，而是收缩，根据盒子里面内容的宽度来确定。

【例 7-1】浮动属性设置，代码文件位于素材"第 7 单元\07-01.html"。

```
<html >
<head>
    <title>float 属性</title>
<style type="text/css">
body{
    margin:20px;
    font-family:Arial; font-size:12px;
    }
.father{
    background-color:#FCC;
    border:1px solid  #000;
    padding:5px;
    }
.father div{
    padding:10px;
    margin:15px;
    border:1px dashed #000;
    background-color:#69F;
    }
.father p{
    border:1px dashed  #000;
    background-color:#090;
    }
.box1{}
.box2{}
```

```
.box3{}
</style>
</head>
<body>
    <div class="father">
        <div class="box1">box-1</div>
        <div class="box2" >box-2</div>
        <div class="box3">box-3</div>
        <p>这里是浮动框外围的文字，这里是浮动框外围的文字，这里是浮动框外围的文字，这里是
浮动框外围的文字，这里是浮动框外围的文字，这里是浮动框外围的文字，这里是浮动框外围的文字，
这里是浮动框外围的文字，这里是浮动框外围的文字.</p>
    </div>
</body>
</html
```

以上代码定义了 4 个 <div> 块，另外三个是它的子块。每个子块都设置了边框和背景颜色属性，在 IE 浏览器中打开此网页，效果如图 7-2 所示。以上 3 个子 <div> 都没有设置任何浮动属性，就为标准流中的盒子状态。可见，如果不对元素设置浮动，则该元素及其内部的子元素将按照标准文档流的样式显示，4 个盒子各自向右伸展，竖直方向依次排列。

2. 左浮动

如果将 float 属性的值设置为 left，元素将会向其父元素的左侧靠紧，同时默认的情况下，盒子的宽度不再伸展，而是收缩，根据盒子里面的内容的宽度来确定。

（1）设置 box1 左浮动

以 box1 为设置对象，对其应用左浮动样式，代码文件位于素材"第 7 单元\07-02.html"，具体 CSS 代码如下：

```
.box1 {                          /*定义 box1 左浮动*/
    float:left;
}
```

保存 HTML 文件，刷新页面，效果如下图 7-3 所示。

图 7-2   没有设置浮动的效果

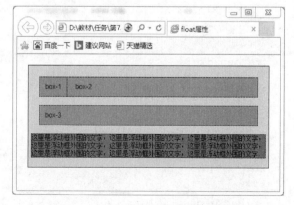

图 7-3   设置 box1 左浮动时的效果

通过图 7-3 容易看出，设置左浮动的 box1 漂浮到了 box2 的左侧，也就是说 box1 不再受文档流控制，出现在一个新的层次上。

（2）设置 box2 左浮动

在上述案例的基础上，继续为 box2 设置左浮动，代码文件位于素材"第 7 单元\07-03.html"具体 CSS 代码如下：

```
.box1,.box2{                    /*定义box1、box2左浮动*/
    float:left;
}
```

保存 HTML 文件，刷新页面，效果如图 7-4 所示。

在图 7-4 中，box1、box2、box3 三个盒子整齐地排列在同一行，可见通过应用"float:left;"样式可以使 box1 和 box2 同时脱离标准文档流的控制向左漂浮。

（3）box3 左浮动

在上述案例的基础上，继续为 box3 设置左浮动，代码文件位于素材"第 7 单元\07-04.html"。具体 CSS 代码如下：

```
.box1,.box2,.box3{              /*定义box1、box2、box3左浮动*/
    float:left;
}
```

保存 HTML 文件，刷新页面，效果如图 7-5 所示。

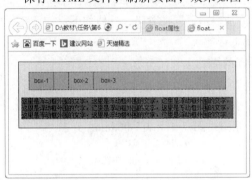 

图 7-4　设置 box1、box2 左浮动时的效果　　　图 7-5　设置 box1、box2 和 box3 左浮动时的效果

在图 7-5 中，box1、box2、box3 三个盒子排列在同一行，同时，周围的段落文本将环绕盒子，出现了图文混排的网页效果。

3．右浮动

float 的另一个属性值"right"在网页布局时也会经常用到，它与"left"属性值的用法相同但方向相反。

在上述案例的基础上，修改 box3 设置右浮动，代码文件位于素材"第 7 单元\07-05.html"，具体 CSS 代码如下：

```
box3{                          /*定义box3右浮动*/
    float:right;
}
```

保存 HTML 文件，刷新页面，效果如图 7-6 所示。

通过使用 CSS 布局，可以实现在 HTML 不做改动的情况下，调换盒子的显示位置。这个应用非常重要，这样可以在写 HTML 的时候通过 CSS 来确定显示内容的位置。

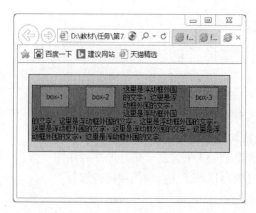

图 7-6　设置前 2 个盒子左浮动和 box3 右浮动时的效果

4．清除浮动属性 clear

由于浮动元素不再占用原文档流的位置，所以其会对页面中其他元素的排版产生影响。在 CSS 中，clear 属性用于清除浮动，其基本语法格式如下：

选择器{clear:属性值;}

在上面的语法中，clear 属性的常用值有三个，分别表示不同的含义，具体如下：

① left：不允许左侧有浮动元素（清除左侧浮动的影响）。

② right：不允许右侧有浮动元素（清除右侧浮动的影响）。

③ both：同时清除左右两侧浮动的影响。

接下来对上面案例中的<p>标记应用 clear 属性，来清除周围浮动元素对段落文本的影响。在<p>标记的 CSS 样式中添加如下代码（代码文件位于素材"第 7 单元\07-06.html"）：

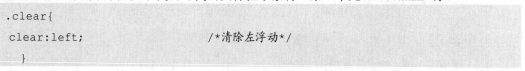

```
.clear{
clear:left;                          /*清除左浮动*/
    }
```

添加该样式后，保存 HTML 文件，刷新页面，效果如图 7-7 所示。

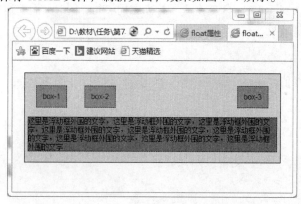

图 7-7　清除左浮动时的效果

要特别注意，对 clear 属性的设置要放到文字所在的盒子里面，比如上面例子，清除浮动的样式使用在段落中。

二、盒子的定位

广义的"定位"：当提到把某个元素放到某个位置的时候，这个动作可以称为定位操作，可以使用任何 CSS 规则来实现，这就是泛指的一个网页排版中的定位操作，使用传统的表格排版时，同样存在定位的问题。

狭义的"定位"：在 CSS 中有一个非常重要的属性 position，这个单词翻译为中文也是定位的意思，然而要使用 CSS 进行定位操作，并不仅仅通过 position 这个属性来实现，因此不要把二者混淆。

在 CSS 中，position 属性用于定义元素的定位模式，其基本语法格式如下：

选择器{position:属性值;}

在上面的语法中，position 属性的常用值有四个，分别表示不同的定位模式，具体如下：

① static：静态定位（默认定位方式）。

② relative：相对定位，相对于其原文档流的位置进行定位。

③ absolute：绝对定位，相对于其上一个已经定位的父元素进行定位。

④ fixed：固定定位，相对于浏览器窗口进行定位。

1. 静态定位

静态定位是元素的默认定位方式，当 position 属性的取值为 static 时，可以将元素定位于静态位置。所谓静态位置就是各个元素在 HTML 文档流中默认的位置。

任何元素在默认状态下都会以静态定位其来确定自己的位置，所以当没有定义 position 属性时，并不说明该元素没有自己的位置，其会遵循默认值显示为静态位置。在静态定位状态下，无法通过边偏移属性（top、bottom、left 或 right）来改变元素的位置。

【例 7-2】定位属性设置，代码文件位于素材"第 7 单元\07-07.html"。

```html
<html >
<title>position 属性</title>
<style type="text/css">
body{
    margin:20px;
    font :Arial 12px;
}
#father{
    background-color:#FCC;;
    border:1px dashed #000000;
    padding:15px;
}

#block1{
    background-color:#69F;
    border:1px dashed #000000;
    padding:10px;
}
</style>
</head>
<body>
    <div id="father">
```

```
        <div id="block1">box1</div>
    </div>
</body>
</html
```

在 IE 浏览器中打开此网页，效果如图 7-8 所示。

2．相对定位

相对定位是将元素相对于其在标准文档流中的位置进行定位，当position属性的取值为relative 时，可以将元素定位于相对位置。对元素设置相对定位后，可以通过边偏移属性（水平方向通过 left 或者 right 属性来指定，竖直方向通过 top 或 bottom 来指定）改变元素的位置，但是其在文档流中的位置仍然保留。

（1）一个子块的情况

在【例 7-2】中 block1 样式代码中，将 position 属性设置为 relative，并设置偏移距离，代码如下：

```
#block1{
    background-color:#69F;
    border:1px dashed #000000;
    padding:10px;
    position:relative;          /* relative 相对定位 */
    left:30px;
    top:50px;
}
```

代码文件位于素材"第 7 单元\07-08html"，在 IE 浏览器中打开此网页，效果如图 7-9 所示。对比图 7-8 和图 7-9 可以看出，"left:30px"的作用就是使 box1 的新位置在它原来位置的左边框右侧 30 像素的地方，"top:50px"的作用就是使 box1 的新位置在它原来位置的上边框下侧 50 像素的地方。

图 7-8　没有设置 position 的效果

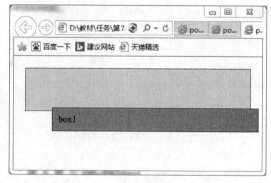

图 7-9　box1 设置相对定位的效果

top、right、bottom 和 left 这 4 个属性除了可以设置为绝对的像素数，还可以设置为百分数。此时，可以看到子块的宽度依然是未移动前的宽度，撑满未移动前父块的内容。只是向右移动了，右框超出了父块。因此，还可以得出另一个结论：当子块使用相对定位以后定发生偏移，即使移动到了父盒子的外面，父盒子也不会变大，就好像盒子没有变化一样。

（2）两个子块的情况

修改上面的网页，在父 div 中再添加一个 div，代码如下：

```
<html>
<head>
<title>position 属性相对定位</title>
<style type="text/css">
body{
    margin:20px;
    font :Arial 12px;
}
#father{
    background-color:#FCC;;
    border:1px dashed #000000;
    padding:15px;
}
#father div{
    background-color:#69F;
    border:1px dashed #000000;
    padding:10px;
}
#block1{
    position:relative;           /* relative 相对定位 */
    left:30px;
    bottom:50px;
}
#block2{
}
</style>
</head>
<body>
    <div id="father">
        <div id="block1">box1</div>
        <div id="block2">box2</div>
    </div>
</body>
</html>
```

代码文件位于素材"第 7 单元\07-09html",在 IE 浏览器中打开此网页,效果如图 7-10 所示。

图 7-10 两个兄弟 div,1 个设置相对定位的效果

继续修改上面的网页,给第 2 个字块设置相对定位,代码如下:

```
#block2{
    position:relative;           /* relative 相对定位 */
```

```
     rigth:30px;
     top:30px;
}
```

代码文件位于素材"第 7 单元\07-10html",在 IE 浏览器中打开此网页,效果如图 7-11 所示。

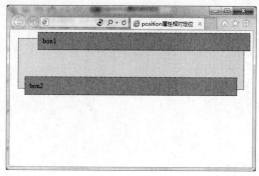

图 7-11 两个兄弟 div,设置相对定位的效果

通过上面的实验可以得出如下结论:

① 使用相对定位的盒子,会相对原来的位置,通过偏移指定的距离,到达新位置。

② 使用相对定位的盒子仍在标准流中,它对父块和兄弟没有影响。

3. 绝对定位

绝对定位 absolute,盒子的位置以其包含框为基准进行偏移。绝对定位的框从标准流中脱离。这意味着它们对其后的兄弟盒子的定位没有影响,其他的盒子就好像这个盒子不存在一样。

使用绝对定位的盒子以它"最近"的一个"已经定位"的"祖先元素"为基准进行偏移。如果没有定位的祖先,以浏览器窗口为基准进行定位。

"已经定位"是指 position 属性被设置,并且被设置为不是 static 的任意一种方式。绝对定位的框从标准流中脱离,对其后的兄弟盒子没有影响。

【例 7-3】绝对定位属性设置(代码文件位于素材"第 7 单元\07-11.html")。

```
<html >
<head>
<title>absolute 属性</title>
<style type="text/css">
body{
    margin:20px;
    font-family:Arial;
    font-size:12px;
}
#father{
    background-color:#FCC;
    border:1px dashed #000000;
    padding:15px;
}
#father div{
    background-color:#69F;
    border:1px dashed #000000;
    padding:10px;
```

```
    }
#block2{
}
</style>
</head>
<body>
    <div id="father">
        <div >box1</div>
        <div id="block2">box2</div>
        <div >box3</div>
    </div>
</body> </html>
```

在 IE 浏览器中打开此网页，效果如图 7-12 所示。

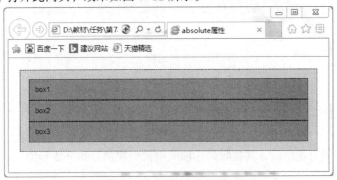

图 7-12　设置绝对定位前效果

给 block2 添加如下代码：

```
#block2{
    position:absolute;
    top:0px;
    right:0px;
}
```

代码文件位于素材"第 7 单元\07-12.html"，在 IE 浏览器中打开此网页，效果如图 7-13 所示。这是以浏览器为基准定位的。

图 7-13　设置中间盒子绝对定位（以浏览器为基准）效果

给父 div 添加一个定位样式，如下代码：

```
#father{
    background-color:#FCC;
```

```
border:1px dashed #000000;
padding:15px;
position:relative;
}
```

代码文件位于素材"第 7 单元\07-13.html",在 IE 浏览器中打开此网页,效果如图 7-14 所示。这是以浏览器为基准定位的。

图 7-14 设置中间盒子绝对定位(以父 div 为基准)效果

4. 固定定位

固定定位是绝对定位的一种特殊形式,其以浏览器窗口作为参照物来定义网页元素。当 position 属性的取值为 fixed 时,即可将元素的定位模式设置为固定定位。

当对元素设置固定定位后,其将脱离标准文档流的控制,始终依据浏览器窗口来定义自己的显示位置。不管浏览器滚动条如何滚动,也不管浏览器窗口的大小如何变化,该元素都会始终显示在浏览器窗口的固定位置。

任务实现

本任务网站结构设计示意图如图 7-15 所示。

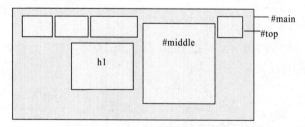

图 7-15 网站结构设计示意图

任务实现分为以下几步:

1. 设置 HTML 文档结构

新建一个空白 HTML 文档,将网页文档和素材图片保存到同一个文件夹中。在网页中添加页面内容,具体代码如下:

```
<head>
<meta http-equiv="Content-Type" content="text/html; charset=utf-8" />
<title>美食</title>
</head>
<body>
```

```
<ul>
<li><img  src="images/meishi1.png"/></li>
<li><img  src="images/meishi4.png"/></li>
<li><img  src="images/meishi3.png"/></li>
<li><img  src="images/meishi2.png"/></li>
</ul>
<h1>LianYunGang city</h1>
<h2>港城美食欢迎品尝</h2>
<div i>
<p>连云港菜肴以淮扬菜和海鲜为主，一年四季都有海鲜名菜，让人百吃不厌。
奇异的佛手鱼，长达数尺的银刀鱼，肥硕如盘的"盖柿"，都令人大快朵颐；东方对虾和羊毛虾，味道
也很鲜美；梭子蟹满壳蟹黄，味香嫩鲜。
当地特色菜还有：身黄尾红、外酥里嫩的凤尾虾，鲜美无比的烹虾段，色、香、味、型俱佳的美蓉套蟹，
气味芳香、肉嫩可口的酒醉螃蟹，清香鲜嫩、色型俱佳的生熏黄鱼，颜色金黄的锅塌鲸鱼，肉鲜汤美的
蟹黄假鱼肚，汤浓肉嫩的奶汤鱼皮等。
</p>
<ul>
<li>[ <a href="#">1.盐河巷</a> ]</li>
<li>[ <a href="#">2.步行街</a> ]</li>
<li>[ <a href="#">3.墟沟海鲜美食城</a> ]</li>
<li>[ <a href="#">4.万润街</a> ]</li>
</ul>
<p>海鲜美食街地址在：江苏省连云港市海棠中路39号</p>
<p>墟沟海鲜一条街地址在：江苏省连云港市连云区墟沟云和路</p>
<P>盐河路美食街地址在：连云港盐河路</P>
</body>
</html>
```

代码文件位于素材"第 7 单元\美食\index1.htm"，在 IE 浏览器中打开此网页，效果如图 7-16
所示。

图 7-16　基本 HTML 结构

2. 设置页面的整体背景

一个页面的最终效果是 HTML、CSS 和背景图像共同配合实现的。其中 HTHL 用来确定页面的内容，CSS 确定如何显示这些内容，CSS 中还需要图像的配合。下面准备好背景图片，对页面的背景进行设置。在网页代码中添加如下 CSS 规则，代码如下：

```
<style type="text/css">
body{
    margin:0;
    padding:0;
    background-image:url(images/bg.png);
    background-repeat:repeat-x;
    }
</style>
```

将背景图像的平铺方式设置为 repeat-x，即水平平铺，这样就可以将背景图像平铺满整个页面。

3. 制作美食展示区域

在设置美食展示区域之前，先在<body>中添加一个<div>标记，将所有的页面内容放置在这个<div>标记中，这个<div>的 id 为#main，代码如下：

```
#main{
    margin:80px auto 0;
    width:1000px;
    }
```

这里将这个容器的<div>宽度设置为 1 000 像素，然后设置外边距，这里使用的 3 个属性值 80 px、auto 和 0，表示上侧的外边距 80 像素，左右外边距为自动，下侧外边距为 0。左右自动的作用就是使内容水平居中于浏览器窗口中。

图片的<ul>设置 id 为#top，CSS 代码如下：

```
#main #top{
    list-style-type:none;
    margin:0;
    padding:0;
    height:108px;
}
#main #top li{
    float:left;
    padding:4px;
}
```

由于不同的浏览器对 ul 列表元素的边距有不同的默认值，所以这里将内外边距均设置为 0，否则将会在不同的浏览器中得到不同的显示效果。通过设置 list-style-type 属性，去掉项目前面的圆点。

项目列表在默认情况下都是竖直排列的，本网页中如果要实现美食展示图片水平排列，通过 float 属性把它们 "拉平"。设置 float:left 的作用是使各个列表项能够向左浮动，从而实现水平排列。这个在后面实现多列布局中经常用到。

观察图 7-15 网站结构设计示意图可以看出，最后一张美食图片和第 3 张图片之间有一个较大的空间，用于放置文字内，所以需要使用定位的方法实现。

```
<ul id="top">
<li><img  src="images/meishi1.png"/></li>
<li><img  src="images/meishi4.png"/></li>
<li><img  src="images/meishi3.png"/></li>
<li class="last"><img src="images/meishi2.png"/></li>
</ul>
```

CSS 代码如下：

```
#main .last{
    position:relative;
    left:400px;
}
```

这里将类别为 last 的 li 元素设置为相对定位，并设置 left:400px，就使它向右移动 400 像素，可以看出，第 4 张照片从原来的位置移动了 400 像素。这样，最右边的两张照片之间就空出一定的距离，用来放置文字内容，这就是相对定位的作用。

4．设置网页标题的图像替换和位置

现在开始要设置标题的样式，如果想在网页中实现一些特殊效果的文字，而浏览器中显示的文字字体需要依赖于访问者的计算机上是否安装了相应的字体文件。可以通过使用图像来代替文本解决这个问题。本任务中 h1 和 h2 的位置紧挨在一起，所以可以使用一张图片来代替文本内容。具体代码如下：

```
#main h1{
    background-image:url(images/LOGO.png);
    background-repeat:no-repeat;
    width:137px;
    height:191px;
}
```

这里一定要给 <h1> 设置尺寸，否则就无法完整显示背景图像的内容。

设置完成后，<h1> 的下面出现了背景图片，<h1> 和 <h2> 的文字仍然存在，<h1> 标题文字重叠在图像上面，现在需要将文字内容隐藏起来。这里只是实现将页面中的文字内容隐藏，而背景图像仍然保留，这里需要在 <h1> 中嵌入一对 <span> 标记，代码如下：

```
<h1><span>LianYunGang city</span></h1>
```

将 <h1> 和 <h2> 隐藏起来，通过使用 display 属性可以使任何元素在页面上不显示。CSS 样式代码如下：

```
#main h2  { display:none;}
#main h1 span{  display:none;}
```

在页面中隐藏文字而不删除文字的优点如下：

① 直接从 HTML 中删除文字，而某个访问者的浏览器不支持 CSS，就既无法看到图像，也无法看到文字，以至于无法得到正确的信息。

② 不使用背景图像的方式，而是直接把图片文件用 img 标记嵌入到页面中，那么不支持 CSS 的浏览器也可以看到它。但是应该意识到，网页不仅仅会被访问者阅读，它实际上还有一大类访问者——搜索引擎，例如 Google、百度这样的搜索引擎每时每刻都在不停地搜索网页，然后根据网页上的内容编制索引。它们都只根据 HTML 的内容来确定网页的内容，因此让它们理解网页的内容可以有助于网页在搜索引擎上的排名。任何人做了网站都希望更多人来访问，有一个更好的

搜索引擎排名，会大大提高访问量。

　　下面实现将 hl 元素使用绝对定位的方式移动到某个位置。首先需要考虑以元素为基准。对于 h1 元素，它的父元素是#main，再往上一级是 body 元素。如果以#main 为定位基准，就必须把它变为"定过位"的元素。最常用的方法是将它的 position 属性设置为"relative"，

它本身没有任何影响，而同时可以使它成为它的下级元素的定位基准。

```
#main{
    margin:80px auto 0;
    width:1000px;
    position:relative;
}
```

　　接下来就可以设置 h1 的定位方式，把 posion 属性设置为绝对定位，具体偏移的数可以通过计算或试验获得，代码如下。

```
#main h1{
    background-image:url(images/LOGO.png);
    background-repeat:no-repeat;
    width:137px;
    height:191px;
    position:absolute;
    top:120px;
    left:200px;
}
```

5. 设置网页文本内容

　　下面设置文字内容样式。文字内容包括简介、链接和联系方式等相关信息。这些内容都放置在一个区域中，因此在它们的外面整体设置一个层 div，将 div 的 id 设置为"middle"，代码如下。

```
<div id="middle">
<p>连云港菜肴以淮扬菜和海鲜为主，一年四季都有海鲜名菜，让人百吃不厌。
奇异的佛手鱼，长达数尺的银刀鱼，肥硕如盘的"盖柿"，都令人大快朵颐；东方对虾和羊毛虾，味道
也很鲜美；梭子蟹满壳蟹黄，味香嫩鲜。
当地特色菜还有：身黄尾红、外酥里嫩的凤尾虾，鲜美无比的烹虾段、色、香、味、型俱佳的美蓉套蟹，
气味芳香、肉嫩可口的酒醉螃蟹，清香鲜嫩、色型俱佳的生熏黄鱼，颜色金黄的锅塌鲸鱼，肉鲜汤美的
蟹黄偎鱼肚，汤浓肉嫩的奶汤鱼皮等。
</p>
<ul>
<li>[ <a href="#">1.盐河巷</a> ]</li>
<li>[ <a href="#">2.步行街</a> ]</li>
<li>[ <a href="#">3.墟沟海鲜美食城</a> ]</li>
<li>[ <a href="#">4.万润街</a> ]</li>
</ul>
<p>海鲜美食街地址在：江苏省连云港市海棠中路39号</p>
<p>墟沟海鲜一条街地址在：江苏省连云港市连云区墟沟云和路</p>
<P>盐河路美食街地址在：连云港盐河路</P>
</div>
```

将 middle 的宽度设置为 350 像素，使用绝对定位方式，CSS 设置如下：

```
#main #middle{
    width:350px;
```

```
    position:absolute;
    left:450px;
    top:10px;
    font:11px/17px arial;
}
```

对 ul 列表的样式以及链接文本的样式进行设置，代码如下。

```
#main #middle ul{
    list-style-type:none;
    margin:0 0 0 20px;
    padding:0;
    font-size:12px;
}
#main #middle a{
    color:#90532E;
    font-weight:bold;
    text-decoration:none;
}
#main #middle a:hover{
    color:black;
}
#middle p{
    text-indent:2em;
    line-height:30px;
}
```

上面的代码中还设置了链接文字的颜色，去除链接文本下面的下画线，还设置了鼠标指针经过链接文字的颜色等，这样可以清楚地提示访问者即将进入项目。CSS 设置链接效果将在下一章节中重点介绍，至此美食网页设置完成。

任务拓展

1．清除浮动常用的方法

清除浮动 clear 属性只能清除元素左右两侧浮动的影响。然而在制作网页时，经常会遇到一些特殊的浮动影响，例如，对子元素设置浮动时，如果不对其父元素定义高度，则子元素的浮动会对父元素产生影响，如图 7-17 所示，父元素变成了一条直线。代码文件位于素材"第 7 单元 \07-14.htm"，具体代码如下：

```
<html>
<head>
    <title>清除浮动</title>
<style type="text/css">
body{
    font-family:Arial; font-size:12px;
    }
.father{
    background-color:#FCC;
    border:1px solid  #000;
    padding:5px;
    }
.father div{
```

```
    padding:10px;
    margin:15px;
    border:1px dashed #000;
    background-color:#69F;
    }
.box1{
    float:left;
}
.box2{
    float:left;
}
.box3{
    float:right;
}
</style>
</head>
<body>
    <div class="father">
        <div  class="box1" >box-1</div>
        <div class="box2">box-2</div>
        <div  class="box3">box-3</div>
    </div>
</body>
</html>
```

（1）使用空标记清除浮动

在浮动元素之后添加空标记，并对该标记应用"clear:both"样式，可清除元素浮动所产生的影响，这个空标记可以为<div>、<p>、<hr />等任何标记。

以上述案例为基础，在浮动元素 box1、box2、box3 之后添加 class 为 box4 的空 div，然后对 box4 应用"clear:both;"样式。代码文件位于素材"第 7 单元\07-15.htm"，这时效果如图 7-18 所示。

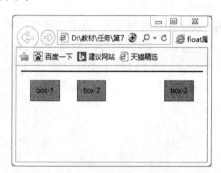
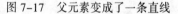

图 7-17　父元素变成了一条直线

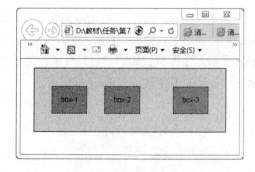

图 7-18　添加空层清除浮动

在图 7-18 中，子元素浮动对父元素的影响已经不存在。由于上述方法在无形中增加了毫无意义的结构元素（空标记），因此在实际工作中不建议使用。

（2）使用 overflow 属性清除浮动

对元素应用"overflow:hidden;"样式，也可以清除浮动对该元素的影响。继续以上述案例为基础，对父元素应用"overflow:hidden;"样式来清除子元素浮动对父元素的影响。代码文件位于素材"第 7 单元\07-16.htm"。

（3）使用 after 伪对象清除浮动

after 伪对象也可以清除浮动，该方法只适用于 IE8 及以上版本浏览器和其他非 IE 浏览器。继续以上述案例为基础，对父元素应用 after 伪对象样式，CSS 代码如下，文件位于素材"第 7 单元\07-17.htm"。

```
.father:after{              /*对父元素应用 after 伪对象样式*/
    display:block;
    clear:both;
    content:"";
    visibility:hidden;
    height:0;
}
```

2．overflow 属性

当盒子内的元素超出盒子自身的大小时，内容就会溢出（IE6 除外），这时如果想要规范溢出内容的显示方式，就需要使用 CSS 的 overflow 属性，其基本语法格式如下：

选择器{overflow:属性值;}

在上面的语法中，overflow 属性的常用值有 visible、hidden、auto 和 scroll 四个。

（1）"overflow:visible;"样式

设置"overflow:visible;"样式后，盒子溢出的内容不会被修剪，而呈现在元素框之外，具体代码如下：

```
<html >
<head>
<title>overflow 属性</title>
<style type="text/css">
div{
    width:240px;
    height:120px;
    background:#0CF;
    overflow:visible;      /*溢出内容呈现在元素框之外*/
}
</style>
</head>
<body>
<div>
当盒子内的元素超出盒子自身的大小时，内容就会溢出（IE6 除外），这时如果想要规范溢出内容的显示方式，就需要使用 CSS 的 overflow 属性，overflow 属性用于规范元素中溢出内容的显示方式。其常用属性值有 visible、hidden、auto 和 scroll 四个，用于定义溢出内容的不同显示方式。
</div>
</body>
</html>
```

代码文件位于素材"第 7 单元\07-18.htm"，在 IE 浏览器中打开此网页，效果如图 7-19 所示。

（2）"overflow:hidden"样式

设置"overflow: hidden;"样式后，盒子溢出的内容将会被修剪且不可见，代码文件位于素材

"第 7 单元\07-19.htm"，在 IE 浏览器中打开此网页，效果如图 7-20 所示。

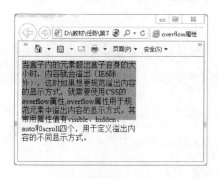
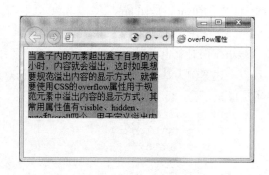

图 7-19　盒子溢出的内容不会被修剪　　　　　　图 7-20　盒子溢出的内容被修剪

（3）"overflow:auto" 样式

设置 "overflow:auto;" 样式后，元素框能够自适应其内容的多少，在内容溢出时，产生滚动条，否则，不产生滚动条。代码文件位于素材 "第 7 单元\07-20.htm"，在 IE 浏览器中打开此网页，效果如图 7-21 所示。

图 7-21　内容溢出时会有滚动条

（4）"overflow: scroll;" 样式

当定义 overflow 的属性值为 scroll 时，元素框中也会产生滚动条，代码文件位于素材 "第 7 单元\07-21.htm"。

与 "overflow: auto;" 不同，当定义 "overflow: scroll;" 时，不论元素是否溢出，元素框中的水平和竖直方向的滚动条都始终存在。

课 后 实 训

新品团购

实训目的

① 熟练掌握浮动和定位的应用。

② 综合运用浮动和定位属性实现复杂的效果。

实训内容

浏览网页时，经常遇到将多个子元素融合到一个父元素的情况，为了保证子元素在页面拉伸时不发生错位，就需要用到定位属性。通过对图像和文字进行定位和浮动实现类似糯米团购的效果，完成效果如图 7-22 所示。

图 7-22   新品团购

单 元 小 结

本单元主要介绍"浮动"和"定位"这两个重要的属性。利用"浮动"和"定位"属性完成一个美食网站，通过对本单元任务的学习，理解并巩固 Web 标准的网页设计流程、"浮动"和"定位"，以及使用 CSS 布局的基础概念和原理。

一个网站由多个网页构成，每个网页上都有大量的信息，要想使网页中的信息排列有序，条理清晰，并且网页与网页之间有一定的联系，就需要使用列表和超链接。本单元将对列表标记、超链接标记以及 CSS 控制列表和超链接的样式进行详细地讲解，并结合任务和课后实训巩固本单元所学知识。

任务　通知公告页面

任务描述

制作网页时，会经常使用列表和超链接，定义超链接时，为了提高用户体验，经常需要为超链接指定不同的状态，在实际网页制作过程中，为了更高效地控制列表项目符号，通常将列表的 list-style 属性值定义为 none，然后通过为<li>设置背景图像的方式实现不同的列表项目符号。本任务通过创建一个通知公告任务做具体演示，要求掌握背景图像定义列表项目符号的方法和使用链接伪类控制超链接文本。页面效果如图 8-1 所示。

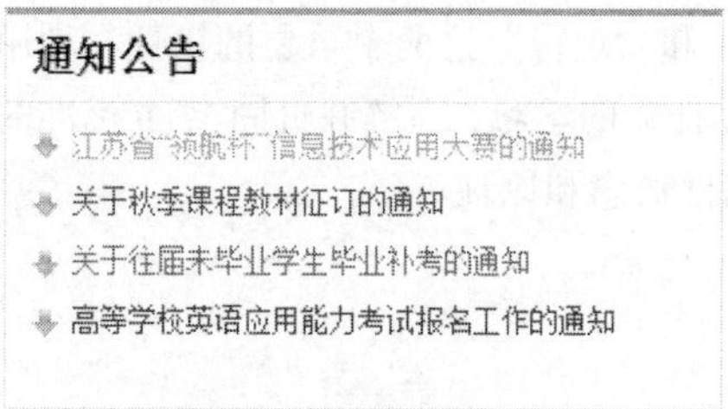

通知公告

◈ 江苏省"领航杯"信息技术应用大赛的通知
◈ 关于秋季课程教材征订的通知
◈ 关于往届未毕业学生毕业补考的通知
◈ 高等学校英语应用能力考试报名工作的通知

图 8-1　通知公告效果

知识准备

一、设置项目列表样式

属性列表在 CSS 中用 list-style 表示，是复合属性，包含列表预设标记类型（list-style-type）、列表的图像（list-style-image ）和列表文本排列（list-style-position），属性 list-style 的完整语法表示如下：

```
/*列表属性*/
list-style : list-style-type||list-style-image || list-style-position
```

列表属性后面接上面 3 个单属性，它们的作用如下所述。

① list-style-image：用来设置列表的图像。

② list-style-position：用来设置列表项标记如何根据文本排列。

③ list-style-type：用来设置列表项所使用的预设标记。

1．列表的符号

预设标记是指表项前面出现的标记，因默认的是实心圆，所以在前面看到的表项标记都是实心圆的，要想自定义标记效果，就得用 list-style-type 来设置，下面是表示各预设标记的参数表：

```
/*预设标记参数*/
list-style-type : disc | circle | square | decimal | lower-roman | upper-roman
| lower-alpha | upper-alpha | none
```

有了 list-style-type 的参数值，就可以设置想要的表项标记，而且还可以设置自定义图片作为预设标记使用。下面是各参数用法：

① disc：默认值。表示实心圆。

② circle：表示空心圆。

③ square：表示实心方块。

④ decimal：表示阿拉伯数字。

⑤ lower-roman：表示小写罗马数字。

⑥ upper-roman：表示大写罗马数字。

⑦ lower-alpha：表示小写英文字母。

⑧ upper-alpha：表示大写英文字母。

⑨ none：表示不使用项目符号。

【例 8-1】用 list-style-type 属性值设置项目编号，HTML 和 CSS 代码如下（代码文件位于素材"第 8 单元\08-01.html"）。

```
<html >
<head>
<title>项目列表</title>
<style type="text/css" >
ul{
    font-size:0.9em;
    color:#00458c;
    list-style-type:decimal;      /* 项目编号 */
}
 li.special1{
    list-style-type:armenian;     /* 单独设置 */
}
li.special2{
    list-style-type:disc;         /* 单独设置 */
}
</style>
</head>
<body>
    港城风景:
    <ul>
    <li>花果山</li>
```

```
    <li class="special1">海滨浴场</li>
    <li class="special2">渔湾风景</li>
    <li>玉兰花</li>
    </ul>
</body>
</html>
```

在 IE 浏览器中打开此网页，效果如图 8-2 所示。

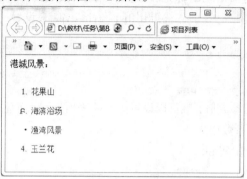

图 8-2　用 list-style-type 属性值设置项目编号

在 CSS 中，项目列表的编号是通过属性 list – style – type 来修改的。无论是 < ul > 标记还是 < ol > 标记，都可以使用相同的属性值，而且效果是完全相同的。

2. 列表图像的属性

除了传统的各种项目符号外，CSS 还提供了 list-style-image 属性，可以为各个列表项设置项目图像，使列表的样式更加美观。

自定义的列表图像的属性，其语法形式如下：

```
/*设置列表图像*/
list-style-image : none | url (url)
```

本属性有两个参数，其区别如下所述。

① none：表示属性不设置列表图像，是默认值。

② url：使用绝对或相对地址指定背景图像，这样就可以显示自定义的图像了，要注意图像大小，如太大会显示列表的美观（图像是按图像原始大小显示的）。图像链接地址要用括号括起来，然后用引号引起（也可以不用引号），注意括号前面有关键字 url。

【例 8-2】用 list-style-image 属性值设置项目编号，HTML 和 CSS 代码如下（代码文件位于素材"第 8 单元\08-02.html"）。

```
<html >
<head>
<title>图像项目符号</title>
<style type="text/css" >
ul{
    list-style-image:url(down.jpg);        /* 设置图像项目符号*/
}
</style>
</head>
    <body>
        港城风景：
```

```
            <ul>
                <li>花果山</li>
                <li>海滨浴场</li>
                <li >渔湾风景</li>
                <li>玉兰花</li>
            </ul>
</body>
</html>
```

实际上，如果项目符号采用图像的方式，则建议将 list-style-type 属性的值设置为 none，然后修改<li>背景属性来实现。

修改上面的代码文件，具体代码如下，文件位于素材"第 8 单元\08-03.html"。

```
<html >
<head>
<title>项目符号设置为图像</title>
<style type="text/css" >
ul{
        list-style-type:none;              /* 项目符号设置无*/
}
li{
    background-image:url(down.jpg);    /* 添加背景图像*/
    background-repeat:no-repeat;
    padding-left:30px;                 /* 设置图标与文字的间隔*/
}
</style>
</head>
    <body>
        港城风景：
            <ul>
                <li>花果山</li>
                <li>海滨浴场</li>
                <li >渔湾风景</li>
                <li>玉兰花</li>
            </ul></body>
</html>
```

在 IE 浏览器中打开此网页，效果如图 8-3 所示。

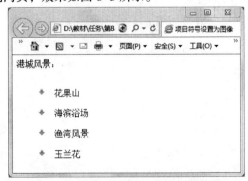

图 8-3　用<li>背景属性设置图像符号

先隐藏<ul>标记中的项目列表，再设置<li>标记的样式，统一定制文字与图像之间的距离，可以实现各个浏览器之间效果的一致性。

3．列表项标记位置

list-style-position 属性用于设置在何处放置列表项标记。基本语法形式如下：

```
list-style-position : outside | inside
```

参数说明：

① outside：默认值。列表项目标记放置在文本以外，且环绕文本不根据标记对齐。

② inside：列表项目标记放置在文本以内，且环绕文本根据标记对齐。

【例 8-3】用 list-style-position 属性设置在何处放置列表项标记，HTML 和 CSS 代码如下（代码文件位于素材"第 8 单元\08-04.html"）。

```html
<html >
 <head>
 <title>list-style-psition</title>
 <style type="text/css" >
 .in{list-style-position:inside;}
 .out{list-style-psition:outside;}
 li{ border:1px solid #CCC;}
 </style>
 </head>
 <body>
      列表项目符号位于列表文本以内：
          <ul class="in">
              <li>花果山</li>
              <li>海滨浴场</li>
              <li >渔湾风景</li>
              <li>玉兰花</li>
          </ul>
      列表项目符号位于列表文本以外：
          <ul class="out">
              <li>花果山</li>
              <li>海滨浴场</li>
              <li >渔湾风景</li>
              <li>玉兰花</li>
          </ul>
        </ul>
 </body>
 </html>
```

在 IE 浏览器中打开此网页，效果如图 8-4 所示。

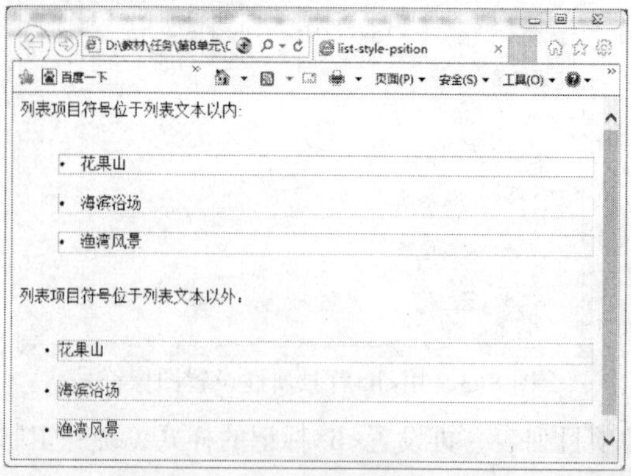

图 8-4　列表项目符号

二、设置超链接

本书第 2 单元中介绍过，在 HTML 语言中，超链接是通过标记<a>来实现的。在默认的浏览器浏览方式下，超链接统一为蓝色并且有下画线，通过 CSS 可以设置超链接的各种属性，包括前面提到的字体、颜色和背景等。而且通过伪类制作很多动态效果。

去掉超链接的下画线最简单的方法如下：

```
a{
    text-decoration:none;
}
```

1．伪类

伪类并不是真正意义上的类，它的名称是由系统定义的，通常由标记名、类名或 id 名加 "："构成。在 CSS 中，伪类是对文本或图像处于链接状态的修饰，故选择符大部分下是 a 标记。

2．四种常用的链接伪类

定义超链接时，为了提高用户体验，经常需要为超链接指定不同的状态，使得超链接在点击前、点击后和鼠标悬停时的样式不同。在 CSS 中，通过链接伪类可以实现不同的链接状态。

① a:link{ CSS 样式规则;}：超链接的普通样式，未访问时超链接的状态。

② a:visited{ CSS 样式规则;}：访问后超链接的状态。

③ a:hover{ CSS 样式规则;}：指针经过、悬停时超链接的状态。

④ a: active{ CSS 样式规则;}：点击不动时超链接的状态。

【例 8-4】设置超链接，HTML 和 CSS 代码如下（代码文件位于素材 "第 8 单元\08-05.html"）。

```
<html >
  <head>
  <title>链接</title>
  <style>
  body{
  background-color:#99CCFF;
  }

  a{
  text-decoration:none;
  font-size:14px;
  font-family:"宋体"
  }

  a:link{                        /* 超链接正常状态下的样式 */
      color:red;                 /* 红色 */
      text-decoration:none;      /* 无下画线 */
  }
  a:visited{                     /* 访问过的超链接 */
      color:black;               /* 黑色 */
      text-decoration:none;      /* 无下画线 */
  }
  a:hover{                       /* 鼠标指针经过时的超链接 */
      color:yellow;              /* 黄色 */
      text-decoration:underline; /* 下画线 */
```

```
    background-color:blue;
}
</style>
</head>
<body>
<a href="#">首页</a>
<a href="#">花果山</a>
<a href="#">海滨浴场</a>
<a href="#">渔湾</a>
<a href="#">孔雀沟</a> </body>
</html>
```

在 IE 浏览器中打开此网页，效果如图 8-5 所示。

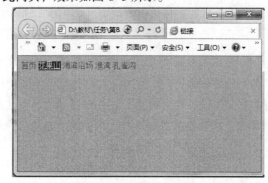

图 8-5　设置超链接效果

本任务页面结构设计示意图如图 8-6 所示。

图 8-6　页面结构示意图

本任务实现主要分为以下几步：

1. 设置 HTML 文档结构

新建一个空白 HTML 文档，将网页文档和素材图片保存到同一个文件夹中。在网页中添加页面内容，具体代码如下：

```
<head>
<meta http-equiv="Content-Type" content="text/html; charset=utf-8" />
<title>通知公告</title>
</head>
<body>
<div id="main">
```

```
    <h2 id="hd">通知公告</h2>
    <ul id="bd">
        <li><a href="#" class="one">江苏省"领航杯"信息技术应用大赛的通知</a></li>
        <li><a href="#">关于秋季课程教材征订的通知</a></li>
        <li><a href="#" class="two">关于往届未毕业学生毕业补考的通知</a></li>
        <li><a href="#">高等学校英语应用能力考试报名工作的通知</a></li>
    </ul>
</div>
</body>
</html>
```

2．设置页面的整体样式

在网页代码中添加如下 CSS 规则，代码如下：

```
<style type="text/css">
    body,h2,ul,li{
    padding:0;
    margin:0;
    list-style:none;
</style>
    }
```

定义一个 id 为 main 的大盒子，用于对页面的整体控制，具体代码如下。

```
#main{
    width:300px;
    height:160px;
    margin:20px auto;
    border:1px solid #D9E0EE;
    border-top:3px solid #FF8400;
    }
```

3．为<li>设置背景图像

添加 CSS 样式如下：

```
<style type="text/css">
#bd{
    border-top:1px solid #D9E0EE;
    padding:5px 0 0 10px; }
#bd li{
    line-height:24px;
    background-image:url(down.jpg);
    background-repeat:no-repeat;
    background-position: left center;
    padding-left:18px;}</style>
```

4．通过链接伪类控制文本样式

添加的 CSS 样式如下：

```
a:link,a:visited{
    font-size:12px;
    text-decoration:none;
    color:#3c3c3c;
}
a:hover{
    color:#FF8400;
    text-decoration:underline;
```

```
}
.one:link,.one:visited{color:#FF8400;}
.two:link,.two:visited{color:#0080C0;}
.two:hover{color:#FF8400;}
```

任务拓展

1. 创建简单的导航菜单

一个成功的网站，导航菜单是永远不可缺少的。导航菜单的风格往往决定整个网站的风格，因此计者一个美观的导航条，可以体现网站的整体构架。

传统方式下，制作导航菜单是很麻烦的工作。需要使用表格，设置复杂的属性，还需要使用 JavaScript 实现相应鼠标指针经过或点击的动作。现在使用 CSS 来制作导航菜单，就变得非常容易。

（1）简单的竖直排列菜单

当把项目列表的 list－style－type 属性值设为 "none" 时，列表的最大用处之一就是可以方便制作各式各样的菜单，通过各种 CSS 属性变幻可以达到很多意想不到的导航效果。

【例 8-5】用 CSS 制作简单竖直排列导航菜单，HTML 和 CSS 代码如下（代码文件位于素材 "第 8 单元\08-06.htm"）。

首先，建立 HTML 文档的相关结构，将导航菜单的各个部分用项目列表<ul>表示，代码如下：

```
<body>
<div id="navigation">
<ul>
    <li><a href="#">首页</a></li>
    <li><a href="#">合作单位</a></li>
    <li><a href="#">产品种类</a></li>
    <li><a href="#">产品信息</a></li>
    <li><a href="#">联系我们</a></li>
</ul>
</div>
</body>
```

设置整个<div>块的宽度为固定 100 像素，并设置文字的字体。设置项目列表<ul>的属性，将项目符号设置为不显示，相关代码如下：

```
<html >
  <head>
  <title>简单的竖直排列菜单</title>
  <style type="text/css">
  #navigation {
      width:100px;
      font-family:Arial;
      font-size:14px;
      text-align:right
  }
  #navigation ul {
      list-style-type:none;                /* 不显示项目符号 */
      margin:0px;
      padding:0px;
  }
```

为<li>标记添加下边线，以分隔各个超链接项，并且对超链接<a>标记进行整体设置。代码如下：

```
#navigation li {
    border-bottom:1px solid #333;    /* 添加下画线 */
}
#navigation li a{
    display:block;
    height:1em;
    padding:5px 5px 5px 0.5em;
    text-decoration:none;
    border-left:12px solid #F63;         /* 左边的粗边 */
    border-right:1px solid #999;         /* 右侧阴影 */
}
```

在上面的代码中，"display:block;"语句，将超链接被设置成了块元素。当鼠标指针进入该块的任何部分时都会被激活，而不是仅在文字上方时才被激活。

最后设置超链接的样式，以实现动态菜单的效果，代码如下：

```
#navigation li a:link, #navigation li a:visited{
    background-color:#6CF;
    color:#FFFFFF;
}
#navigation li a:hover{                   /* 鼠标经过时 */
    background-color:#F93;                /* 改变背景色 */
    color:#ffff00;                        /* 改变文字颜色 */
    border-left:12px solid #39F;
}
```

在 IE 浏览器中打开此网页，效果如图 8-7 所示。

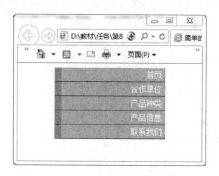

图 8-7　简单的竖直排列导航菜单

（2）简单的排列菜单

在网页中，导航条不只有竖直排列的形式，很多时候页面的菜单都是在水平方向显示。通过属性的控制，可以轻松实现项目列表导航条的横竖转换。

在上面一个例子的基础上仅做两处改动，就能实现一个自由转换的菜单。

首先，把" width:100px"这条 CSS 规则从"navigation"移动到" # navigation li a"中。这样这个列表就没有宽度限制了，同时可保证每个列表项的宽度都是 100 像素。

接着，在" # navigation li"的样式中增加一条"float:left;"，也就是使各个列表项变为向左浮动，这样它们就会依次排列，直到浏览器窗口容纳不下，再折行排列。

通过这两处小小的改动，就可以实现从竖直排列的菜单到自由适应浏览器宽度的菜单的转换了。对于 Firefox 和 IE 浏览器都是适用的。

修改后的代码文件位于素材"第 8 单元\08-07.htm"。在 IE 浏览器中打开此网页，效果如图 8-8 所示。

图 8-8　简单的横向排列导航菜单

2．应用滑动门技术的导航按钮

制作网页时，为了美观，常常需要为网页元素设置特殊形状的背景，为了使各种特殊形状的背景能够自适应元素中文本内容的多少，出现了 CSS 滑动门技术。它从新的角度构建页面，使各种特殊形状的背景能够自由拉伸滑动，以适应元素内部的文本内容，可用性更强。

滑动门技术的关键在于图片拼接，它将一个不规则的大图切为几个小图，每一个小图都需要一个单独的 HTML 标记来定义。

【例 8-6】用 CSS 制作简单竖直排列导航菜单，HTML 和 CSS 代码如下（代码文件位于素材"第 8 单元\08-08.htm"）。

首先，建立 HTML 文档的相关结构，将导航菜单的各个部分用项目列表<ul>表示，代码如下：

```
<body>
<div class="all">
<h1><strong>制作 CSS 滑动门按钮</strong></h1>
<a href="#"><span>首页</span></a>
<a href="#"><span>合作单位</span></a>
<a href="#"><span>产品种类</span></a>
<a href="#"><span>市场调研</span></a>
<a href="#"><span>联系我们</span></a>
</div>
</body>
```

从上面的代码中可以看到，这是一个很简单的 ul 列表，只是在每个菜单项文字的外面加了一对<span>标记，这就是"滑动门"技术的关键之处。

也就是说，每个菜单项中，可以分别为 a 元素的 span 元素设置一个背景图像，一个从左边开始显示，一个从右边开始显示，二者中间部分重叠，端点不重合，就可以分别显出两端的圆角。具体的示意图如图 8-9 所示。

最上面的图形表示外层的 a 元素，左端设置了一定的 padding，这样里面的 span 元素就不会挡住左端的圆角了；中间图形表示 span 元素，它的背景图像和 a 元素的背景图像实际上是同一图像，只是从右端开始显示，这样就可以露出右端的圆角了。

当文字内容比较宽时，它也能够自动适应，被隐藏的部分比图 8-9 少一些，如图 8-10 所示。

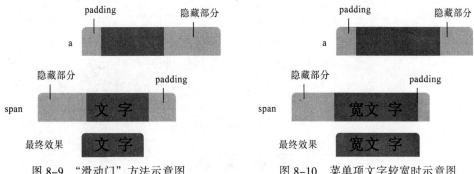

图 8-9 "滑动门"方法示意图　　　　图 8-10 菜单项文字较宽时示意图

添加样式代码如下：

```
<style>
body,div,h1,span {
    margin:0;
    padding: 0;}
.all{
    width:600px;
    margin:10px auto;
    font-size: 12px;}
h1 {
    padding: 10px 0;
}
a,span{
    height:30px;
    line-height:30px;
    color:#FFF;
    text-decoration:none;
    display:inline-block;
    float:left;}
a:link,a:visited{
    background:url(images/bg.gif) left 0;margin-right:10px;}
a:hover{
    background:url(images/bg.gif) left -30px;}
a span{
    background:url(images/bg.gif) right 0;
    padding:0 10px;
    float:left;
    margin-left:8px;}
a:hover span{
    background:url(images/bg.gif) right -30px;
    padding:0 10px;
    color:#000;}
</style>
```

代码文件位于素材"第 8 单元\08-08.htm"。在 IE 浏览器中打开此网页，效果如图 8-11
所示。

图 8-11 CSS 滑动门按钮效果

课 后 实 训

按钮式超链接

实训目的

① 掌握超链接标记的创建方法。
② 掌握链接伪类定义超链接的方法。

实训内容

定义超链接时，为了提高用户体验，经常需要为超链接指定不同的状态，使得超链接在点击前、点击后和指针悬停时的样式不同。通过定义超链接、创建按钮式超链接，实现效果如图 8-12 所示。

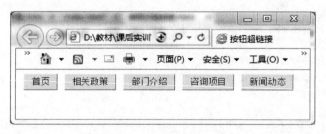

图 8-12 按钮式超链接

单 元 小 结

本单元主要介绍了列表的样式设计和超链接文本的样式设计，对于超级链接，最核心的是 4 种类别的含义和用法；对于列表，需要了解基本的设置方法。这二者都是非常重要和常用的元素，因此一定要把相关的基本要点掌握熟练，为后面制作复杂的网页打好基础。

单元 9 　 常用布局结构

　　报纸是世界上最成熟的大众传媒载体之一，阅读报纸时可以发现，虽然报纸中的内容很多，但是经过合理的排版后，版面会非常的清晰易读。同样，在制作网页时，要想使页面结构清晰有条理，也需要对网页进行"排版"。网页的"排版"主要是通过 CSS 布局来实现的。

　　网页布局是网站设计中非常重要的一环，它好像是一个整体的大框架，将网页上的各种 Web 元素整合到网页内部。DIV+CSS 布局首先将页面在整体上进行<div>标记的分块，然后对各个块进行 CSS 定位，最后再在各个块中添加相应的内容。利用 DIV+CSS 布局的页面，更新十分容易。下面将对常用的几种 CSS 布局进行介绍。

任务　绿色满园花卉网站

任务描述

　　随着 Web 2.0 技术的不断应用，使用 DIV + CSS 的布局页面也被广大网页制作者接受，并广为使用。本任务将通过分析、策划、设计并布局实现一个花卉网站案例，页面效果如图 9-1所示。

图 9-1　绿色满园花卉网站效果图

🕰️知识准备

一、布局流程

1．版心

版心原来是指页面中主要内容所在的区域，即每页版面正中的位置。这里"版心"是指网页中主体内容所在的区域。如图 9-2 所示，线框内即为页面的版心。"版心"一般在浏览器窗口中水平居中显示，常见的宽度值为 960 px、980 px、1000 px 等。

图 9-2　页面版心部分

2．布局流程

为了提高网页制作的效率，布局时通常需要遵守一定的布局流程，具体如下：
① 确定页面的版心。
② 分析页面中的行模块，以及每个行模块中的列模块。
③ 运用盒子模型的原理，通过 DIV+CSS 布局来控制网页的各个模块。
以图 9-3 为例，标出页面中的各个模块。

图 9-3　页面结构分析

初学者在制作网页时，一定要养成分析页面布局的习惯，这样可以极大地提高网页制作的效率。

二、常见布局

1. 单列布局

"单列布局"是网页布局的基础，所有复杂的布局都是在此基础上演变而来的。如图 9-4 所示，即为一个"单列布局"页面的结构示意图。

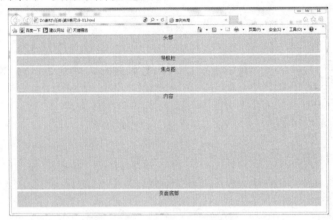

图 9-4　单列布局效果图

通过图 9-4 容易看出，这个页面从上到下分别为头部、导航、焦点图、内容和页面底部，每个模块单独占据一行，且宽度与版心相等，为 980 像素。

【例 9-1】单列布局，代码文件位于素材"第 9 单元\09-01.html"。主体代码如下所示。

```
<body>
<div id="top">头部</div>
<div id="nav">导航栏</div>
<div id="banner">焦点图</div>
<div id="content">内容</div>
<div id="footer">页面底部</div>
</body>
```

在上述代码中，定义了 5 对<div></div>标记，分别用于控制页面的头部（top）、导航栏（nav）、焦点图（banner）、内容（content）和页面底部（footer）。

CSS 样式代码如下：

```
<style type="text/css">
body{
    margin:0;
    padding:0;
    text-align:center;
    }
#top{                              /*宽度980px、高度60px、居中显示*/
    width:980px;
    height:60px;
    background-color:#6FF;
    margin:0 auto;
```

```
}
#nav{                                    /*宽度980px、高度30px、居中显示*/
    width:980px;
    height:30px;
    background-color:#6FF;
    margin:5px auto;
}
#banner{                                 /*宽度980px、高度80px、居中显示*/
    width:980px;
    height:80px;
    background-color:#6FF;
    margin:0 auto;
}
#content{                                /*宽度980px、高度300px、居中显示*/
    width:980px;
    height:300px;
    background-color:#6FF;
    margin:5px auto;
}
#footer{                                 /*宽度980px、高度50px、居中显示*/
    width:980px;
    height:50px;
    background-color:#6FF;
    margin:0 auto;
}
</style>
```

以上 CSS 样式中，设置每个 div 的宽高。同时对盒子定义了 "margin:5px auto；" 样式，它表示盒子在浏览器中水平居中，且上下外边距均为 5 px。这样既可以使盒子水平居中，又可以使各个盒子在垂直方向上有一定的间距。

2. 两列布局

两列布局的网页内容被分为了左右两部分，通过这样的分割，打破了统一布局的呆板，让页面看起来更加活跃。如图 9-5 所示，即为一个 "两列布局" 页面的结构示意图。

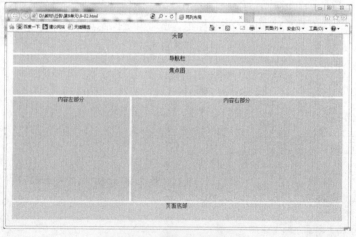

图 9-5　两列布局效果图

在图 9-5 中，内容模块被分为了左右两部分，实现这一效果的关键是在内容模块所在的大盒子中嵌套两个小盒子，然后对两个小盒子分别设置浮动。

【例 9-2】两列布局，代码文件位于素材"第 9 单元\09-02.html"。主体代码如下所示。

```
<body>
<div id="top">头部</div>
<div id="nav">导航栏</div>
<div id="banner">焦点图</div>
<div id="content">
    <div class="content_left">内容左部分</div>
    <div class="content_right">内容右部分</div>
</div>
<div id="footer">页面底部</div>
</body>
```

由于内容模块被分为了左右两部分，所以，只需在单列布局样式的基础上，单独控制 class 为 content_left 和 content_right 的两个小盒子的样式即可。并且分别给这两个盒子设置左浮动和右浮动属性。

CSS 样式代码如下：

```
<style type="text/css">
body{
    margin:0;
    padding:0;
    text-align:center;
    }
#top{                                    /*宽度 980 px、高度 60 px、居中显示*/
    width:980px;
    height:60px;
    background-color:#6FF;
    margin:0 auto;
}
#nav{                                    /*宽度 980 px、高度 30 px、居中显示*/
    width:980px;
    height:30px;
    background-color:#6FF;
    margin:5px auto;
}
#banner{                                 /*宽度 980 px、高度 80 px、居中显示*/
    width:980px;
    height:80px;
    background-color:#6FF;
    margin:0 auto;
}
#content{                                /*宽度 980 px、高度 300 px、居中显示*/
    width:980px;
    height:300px;
    background-color:#6FF;
    margin:5px auto;
    overflow:hidden;
}
```

```
.content_left{                      /*左侧内容左浮动*/
    width:350px;
    height:300px;
    background-color:#CCC;
    float:left;
}
.content_right{                     /*右侧内容右浮动*/
    width:625px;
    height:300px;
    background-color:#CCC;
    float:right;
}
#footer{                            /*宽度 980 px、高度 50 px、居中显示*/
    width:980px;
    height:50px;
    background-color:#6FF;
    margin:0 auto;
}
</style>
```

在上面的 CSS 代码中，在#content 应用了 "overflow:hidden;" 样式，该样式用于清除子元素浮动对于父元素造成的影响，具体内容在单元七中有详细介绍。

3. 三列布局

对于大型网站，由于内容分类较多，通常也会采用 "三列布局" 的页面布局方式，"三列布局" 方式是 "两列布局" 的演变，只是将主体内容分成了左、中、右三部分。如图 9-6 所示，即为一个 "三列布局" 页面的结构示意图。

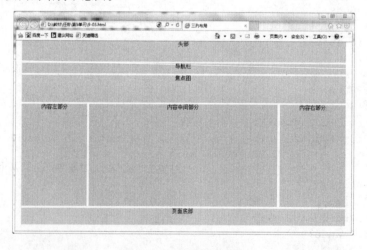

图 9-6 三列布局效果图

在图 9-6 中，内容模块被分为了左中右三部分，实现这一效果的关键是在内容模块所在的大盒子中嵌套三个小盒子，然后对三个小盒子分别设置浮动。

【例 9-3】三列布局，代码文件位于素材 "第 9 单元\09-03.html"。主体代码如下所示。

```
<body>
<div id="top">头部</div>
```

```
<div id="nav">导航栏</div>
<div id="banner">焦点图</div>
<div id="content">
    <div class="content_left">内容左部分</div>
    <div class="content_middle">内容中间部分</div>
    <div class="content_right">内容右部分</div>
</div>
<div id="footer">页面底部</div>
</body>
```

和两列布局对比，本例的不同之处在于主体内容所在的盒子中增加了 class 为 content_middle 的小盒子。在两列布局样式的基础上，单独控制 class 为 content_middle 的小盒子的样式即可，给它设置宽度和左浮动属性。

CSS 样式代码如下：

```
<style type="text/css">
body{
    margin:0;
    padding:0;
    text-align:center;
    }
#top{                               /*宽度 980 px、高度 60 px、居中显示*/
    width:980px;
    height:60px;
    background-color:#6FF;
    margin:0 auto;
}
#nav{                               /*宽度 980 px、高度 30 px、居中显示*/
    width:980px;
    height:30px;
    background-color:#6FF;
    margin:5px auto;
}
#banner{                            /*宽度 980 px、高度 80 px、居中显示*/
    width:980px;
    height:80px;
    background-color:#6FF;
    margin:0 auto;
}
#content{                           /*宽度 980 px、高度 300 px、居中显示*/
    width:980px;
    height:300px;
    background-color:#6FF;
    margin:5px auto;
    overflow:hidden;
}
 .content_left{                     /*左侧部分左浮动*/
    width:200px;
    height:300px;
    background-color:#CCC;
    float:left;
```

```
}
.content_middle{                         /*中间部分左浮动*/
    width:570px;
    height:300px;
    background-color:#CCC;
    float:left;
    margin-left:5px;
}
.content_right{                          /*右侧部分右浮动*/
    width:200px;
    background-color:#CCC;
    float:right;
    height:300px;
}
#footer{                                 /*宽度 980 px、高度 50 px、居中显示*/
    width:980px;
    height:50px;
    background-color:#6FF;
    margin:0 auto;
}
</style>
</head>
```

许多浏览器在显示未指定 width 属性的浮动元素时会出现问题。所以一定要为浮动的元素指定 width 属性，初学者在制作网页时，一定要养成实时测试页面的好习惯，避免出现问题。

4. 通栏布局

为了网站的美观，网页中的一些模块，例如，头部、导航、焦点图或页面底部等经常需要通栏显示。将模块设置为通栏后，无论页面放大或缩小，该模块都将横铺于浏览器窗口中。如图 9-7 所示，即为一个应用"通栏布局"页面的结构示意图。

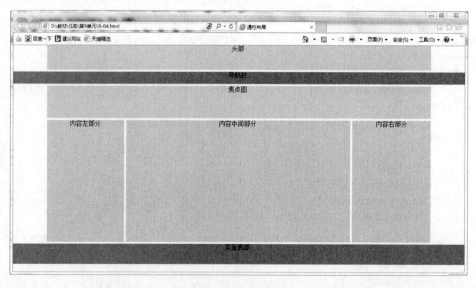

图 9-7　通栏布局效果图

在图 9-7 中，导航栏和页面底部为通栏模块，它们将始终横铺于浏览器窗口中。通栏布局的关键在于在相应模块的外面添加一层 div，并且将外层 div 的宽度设置为 100%，接下来使用相应的 HTML 标记搭建页面结构。

【例 9-4】通栏布局，代码文件位于素材"第 9 单元\09-04.html"。主体代码如下所示。

```
<body>
<div id="top">头部</div>
<div id="topbar">
    <div class="nav">导航栏</div>
</div>
<div id="banner">焦点图</div>
<div id="content">
    <div class="content_left">内容左部分</div>
    <div class="content_middle">内容中间部分</div>
    <div class="content_right">内容右部分</div>
</div>
<div id="footer">
    <div class="inner">页面底部</div>
</div>
</body>
```

在上述代码中，定义了 class 为 topbar 的一对<div></div>，用于将导航模块设置为通栏。同时定义了一对 class 为 footer 的<div></div>，用于将页面底部设置为通栏。将两个父盒子的宽度设置为 100%，而对于其内部的子盒子，只需要固定宽度并且居中对齐即可。

CSS 样式代码如下：

```
<style type="text/css">
body{
    margin:0;
    padding:0;
    text-align:center;
}
#top{                              /*宽度 980 px、高度 60 px、居中显示*/
    width:980px;
    height:60px;
    background-color:#6FF;
    margin:0 auto;
}
#topbar{                           /*通栏显示宽度为 100%，此盒子为 nav 导航栏盒子的父盒子*/
    width:100%;
    height:30px;
    margin:5px auto;
    background-color:#C60;
}
#nav{                              /*宽度 980 px、高度 30 px、居中显示*/
    width:980px;
    height:30px;
    background-color:#C60;
    margin:5px auto;
}
#banner{                           /*宽度 980 px、高度 80 px、居中显示*/
```

```
        width:980px;
        height:80px;
        background-color:#6FF;
        margin:0 auto;
}
#content{                          /*宽度 980 px、高度 300 px、居中显示*/
        width:980px;
        height:300px;
        background-color:#6FF;
        margin:5px auto;
        overflow:hidden;
}
 .content_left{                    /*左侧部分左浮动*/
        width:200px;
        height:300px;
        background-color:#CCC;
        float:left;
}
.content_middle{                   /*中间部分左浮动*/
        width:570px;
        height:300px;
        background-color:#CCC;
        float:left;
        margin-left:5px;
}
.content_right{                    /*右侧部分右浮动*/
        width:200px;
        background-color:#CCC;
        float:right;
        height:300px;
}
#footer{                           /*宽度 980 px、高度 50 px、居中显示*/
        width:100%;
        height:50px;
        background-color:#C60;
        margin:0 auto;
}
.inner{                            /*宽度 980 px、高度 120 px、居中显示*/
        width:980px;
        height:50px;
        background-color:#C60;
        margin:0 auto;
}
</style>
```

任务实现

本任务采用了常见的两列布局方式，网页内容被分为左右两部分，网站结构设计示意图如图 9-8 所示。

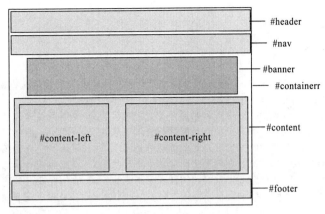

图 9-8 网站结构设计示意图

任务实现分为以下几步：

1. 设置 HTML 文档结构

新建一个空白 HTML 文档，将网页文档和素材图片保存到同一个文件夹中。在网页中添加页面内容，具体代码如下：

```html
<head>
<meta http-equiv="Content-Type" content="text/html; charset=utf-8" />
<title>绿色满园花卉</title>
</head>
<body>
<body>
  <div >绿色满园花卉</div>
  <div >
   <ul >
    <li class="first"><a href="#">首页</a></li>
    <li><a href="#">当季新品</a></li>
    <li><a href="#">花卉动态</a></li>
    <li><a href="#">促销活动</a></li>
    <li><a href="#">花卉展览</a></li>
    <li><a href="#">稀有品种</a></li>
    <li><a href="#">联系我们</a></li>
   </ul>
  </div>
<div >美丽的花卉</div>
<div >
    <h2 >花卉资讯 </h2>
    <ul>
    <li><a href="#">科技创新为福建花卉进科技创新</a></li>
    <li><a href="#">四川温江全力打造西部现代花木 </a></li>
    <li><a href="#">花卉也有了"身份科技创新为福建花卉进证"</a></li>
    <li><a href="#">九台启动建设"园艺特产之乡"</a></li>
    <li><a href="#">我国花卉产业形成四大区域格局</a></li>
    <li><a href="#">万花齐放洛阳城 花姿竞艳最倾</a></li>
    <li><a href="#">北京首届月季文化节在植物园举行</a></li>
    </ul>
```

```
</div>
 <div >
    <h2 >花卉展会 </h2>
    <ul>
    <li><a href="#">2018 中国郑州国际花卉园艺展览会，是国际花卉园艺行业例会，欢迎光
临展会!</a></li>
    <li><a href="#">2018 中国郑州国际花卉园艺展览会,是国际花卉园艺行业例会</a></li>
    <li><a href="#">2018 中国郑州国际花卉园艺展览会,是国际花卉园艺行业例会</a></li>
    <li><a href="#">2018 中国郑州国际花卉园艺展览会,是国际花卉园艺行业例会</a></li>
    <li><a href="#">2018 中国郑州国际花卉园艺展览会,是国际花卉园艺行业例会</a></li>
    <li><a href="#">2018 中国郑州国际花卉园艺展览会,是国际花卉园艺行业例会</a></li>
    <li><a href="#">国际花卉博览会（IFE）在芝加哥开幕我司受邀参观! </a></li>
    </ul>
  </div>
<div >
 <p>Copyright@2018-2019 绿色满园花卉 All Rights Reserved 版权所有</p>
 </div>
</body>
</html>
```

代码文件位于素材"第 9 单元\美食\index.htm"，在 IE 浏览器中打开此网页，效果如图 9-9
所示。

图 9-9　基本 HTML 结构

2. 设置页面整体和背景颜色

一个页面的最终效果是 HTML、CSS 共同配合实现的。其中，HTHL 用来确定页面的内容，
CSS 确定如何显示这些内容，CSS 中还需要图像的配合。下面对页面的整体进行设置。本任务采
用链接样式表，在网页代码中添加如下代码如下：

```
<link rel="stylesheet" type="text/css" href="style.css"/>
```

新建 CSS 样式文件，将样式文件保存为"style.css"，样式文件和"index.html"位于同一级文
件夹中。在样式文件中添加如下代码：

```
body{
    margin:0;
    padding:0;
    text-align:center;
    }
ul{
    list-style-type:none;
    margin:0;
    padding:0;
}
```

在设置背景颜色之前，先在<body>中添加一个<div>标记，将所有的页面内容放置在这个<div>标记中，这个<div>的 id 为#container，代码如下：

```
#container{
    width:980px;
    margin:10px auto;
    background-color:#F8F2DA;
}
```

3. 制作头部区域

在 header 区域，想要设置网页标题的图像替换，所以在网页中的 header 部分添加<span>，修改网页代码如下：

```
<body>
<div id="container">
  <div id="header"><span>绿色满园花卉</span></div>
……
</div>
</body>
```

将 header 的高度设置为 120 像素，给 header 添加背景图像，设置完成后，header 部分出现了背景图片，但是文字仍然存在，标题文字重叠在图像上面，现在需要将文字内容隐藏起来。这里只是实现将页面中的文字内容隐藏，而背景图像仍然保留，上面已经嵌入了一对<span>标记，只需要进行样式设置。在"style.css"样式文件中添加如下代码：

```
#container  #header{
    height:120px;
    background-image:url(images/logo.png);
    background-repeat:no-repeat;
    border-top:#093 solid 16px;
}
#container  #header  span{
    display:none;
}
```

在页面中隐藏文字而不删除文字的优点在前面有详细介绍。这里不再累述。

4. 制作导航区域

将导航区域的 id 设置为#nav，导航部分主要包含一个<ul>标记对，将<ul>的 id 设置为#menu，由于每个菜单子项中间使用"border-left:#999 solid 1px"进行分隔，但是首页子项不需要，所有要单独设置一个"first"类，添加修改后的网页代码如下：

```
<body>
<div id="container">
```

```
   <div id="header"><span>绿色满园花卉</span></div>
<div id="nav">
   <ul id="menu">
   <li class="first"><a href="#">首页</a></li>
   <li><a href="#">当季新品</a></li>
   <li><a href="#">花卉动态</a></li>
   <li><a href="#">促销活动</a></li>
   <li><a href="#">花卉展览</a></li>
    <li><a href="#">稀有品种</a></li>
   <li><a href="#">联系我们</a></li>
   </ul>
  </div>
……
</div>
</body>
```

导航区域样式需要在"style.css"样式文件中添加如下代码：

```
#nav{
   height:40px;
   background-image:url(images/menu.jpg);
}
#nav #menu a {
   color:#090;
   text-decoration:none;
   font-size:20px;
 }
 #nav #menu a:hover {
   color:#030;
 }
#nav #menu li {
   float:left;
   padding-left:30px;
   padding-top:7px;
   padding-right:30px;
   border-left:#999 solid 1px;
 }
#nav #menu .first{
   border:none;
}
```

上面样式代码中将导航的高度设置为 40 像素，并添加的背景图像。项目列表在默认情况下都是竖直排列的，这里要实现导航菜单的横向排列，通过 float 属性把它们"拉平"。设置 float:left 的作用是使各个列表项能够向左浮动，从而实现水平排列。

5. 制作 banner 区域

本任务的 banner 区域相对比较简单，只是设置了网页 banner 图像替换，实现方法和头部区域相同。

添加修改后的网页代码如下：

```
<body>
<div id="container">
```

```
……
<div id="banner"><span>美丽花卉</span></div>
……
</div>

</body>
```

添加 CSS 样式代码如下：

```
#banner{
    height:200px;
    background-image:url(images/banner.png);
    width:900px;
    border:#FCC solid 15px;
    margin: 15px auto;
}
#banner span{
    display:none;
}
```

上面代码中，将 banner 的宽度设置为 900 像素，宽度小于上面的其他部分，再通过添加 "border:#FCC solid 15px;" 实现四周的边框效果。至此，在 IE 浏览器下网页效果如图 9-10 所示。

图 9-10　网页效果图

6．制作主体区域

本任务中，主体区域 id 命名为# content，这个部分分为两列，content_left 和 content_right。添加 CSS 样式代码如下：

```
#content{
    overflow:hidden;
}
#content_left{
    width:350px;
    float:left;
    margin-right:10px;
    border:#060 1px solid;
```

```
}
#content_right{
    width:615px;
    float:right;
    border:#060 1px solid;
    }
```

在#content 中添加了样式代码"overflow:hidden;"，这是因为 content 中的内容分为两列，使用了浮动属性，为了清除对后面元素的影响，所以添加了以上代码。

content_left 和 content_right 中都含有 h2 标题和 ul，所以这里一起做了相同的设置。具体添加的样式代码如下：

```
h2{
    margin:0;
    padding:0;
    text-align:left;
    font-weight:bold;
    color:#FFF;
    font-size:14px;
    line-height:24px;
    vpadding-left:15px;
    background:url(images/title.jpg);
    height:24px;
    }
#content li {
font-size:14px;
padding-left:20px;
}
#content li a{
    font-family:Times New Roman,ARIAL,Courier;
    font-weight:blod;
    padding:10px 0 5px 30px;
    text-decoration:none;
    display:block;
    color:#555;
    font-weight:bold;
    background:url(images/bullet-green.png) no-repeat;
    background-position:left center;
    text-align:left;
}
#content li a:hover{
    background-image:url(images/bullet-red.png);
    color:#ffa500;
}
```

7. 制作版权区域

在版权区域，将 id 设置为#footer，修改网页代码如下：

```
<body>
<div id="container">
```

```
……
<div id="footer">
    <p>Copyright@2018-2019 绿色满园花卉 All Rights Reserved 版权所有</p>
 </div>
</div>
</body>
```

版权部分添加 CSS 样式代码如下：

```
#footer{
    border:1px #999999 solid;
    margin:0 auto;
    border-bottom:#090 solid 16px;
    margin-top:5px;
```

上面的代码中许多地方设置了链接文字的颜色，去除链接文本下面的下画线，还设置了鼠标指针经过链接文字的颜色等，这样可以清楚地提示访问者即将进入项目。CSS 设置链接效果在第 8 单元中有详细介绍，所以在本任务中没有过多叙述，至此本任务网页设置完成。

任务拓展

1. 网页模块命名规范

命名规范非常重要，需要引起初学者的足够重视。通常网页模块的命名需要遵循以下几个原则：

- 避免使用中文字符命名（例如 id="导航栏"）。
- 不能以数字开头命名（例如 id="1nav"）。
- 不能占用关键字（例如 id="h3"）。
- 用最少的字母达到最容易理解的意义。

在网页中，常用的命名方式有"驼峰式命名"和"帕斯卡命名"两种，对他们的具体解释如下：

- 驼峰式命名：除了第一个单词外后面的单词首写字母都要大写（例如 partOne）。
- 帕斯卡命名：每一个单词之间用"_"连接（例如 content_one）。

2. 常用的命名

在了解命名原则和命名方式后，下面列举一些网页中常用的命名，如表 9-1 所示。

表 9-1 常用命名

相关模块	命　名	相关模块	命　名	相关模块	命　名
容器	container	主导航	main nav	标志	logo
页头	header	子导航	subnav	广告	banner
内容	content/container	顶导航	topnav	登陆	login
页面主体	main	边导航	sidebar	登录条	loginbar
页尾	footer	左导航	leftsidebar	注册	regsiter
导航	nav	右导航	rightside bar	搜索	search
栏目	column	菜单	menu	加入	joinus
侧栏	sidebar	子菜单	submenu	状态	status
左右中	left right center	标题	title	按钮	btn
文章列表	list	摘要	summary	滚动	scroll

课后实训

课程平台

实训目的

深入理解 CSS 布局的应用，熟练运用 CSS 的布局。

实训内容

为了加深对 CSS 布局的理解，下面运用 CSS 实现课程平台的布局，完成效果如图 9-11 所示。

图 9-11　课程平台效果图

单 元 小 结

本单元详细介绍了网页中常见的布局方式，比如单列布局、两列布局、三列布局以及通栏布局的技巧，并给出一个具体案例的布局过程。通过本单元的学习，初学者应该能够熟练地应用网页中常见的几种布局方式。

单元 10 综合案例——教务网站设计

前面单元分别介绍了网页设计基础知识，HTML 网页设计，HTML 高级应用，CSS 的基础知识，设置 CSS 文本、图像和背景，用 CSS 设置列表和链接，盒子模型，盒子的定位与浮动。从网页设计制作的基础知识入手，深入浅出、循序渐进地讲述了基于 Web 标准、使用HTML+DIV+CSS 进行网页设计制作的相关理论和技术。本单元利用前面所介绍的知识点，完成一个综合案例——教务网站，以巩固所学的知识点。

任务描述

高校教务网站是教务处采集教务教学信息、展示教务教学成果、发布教务教学文件、提供教务教学检索的综合性应用平台。基于 DIV+CSS 技术进行网页设计的教务网站，更能适应不断发展变化的教务教学信息，为教务管理人员和广大师生提供全面、高效、易用、美观的教务管理平台。

在深入学习了前面 9 个单元的知识后，基本掌握了 HTML 相关标记、CSS 样式属性、布局和排版以及一些 CSS 高级技巧，为了更有效地巩固所学的知识，本单元任务主要是运用前面所学的基础知识完成教务网站设计的首页设计，其效果如图 10-1 所示。

图 10-1 教务网站首页效果图

知识准备

一、内容分析

设计网页的第一步，不是设计这个页面的样子，而是设计这个网页的内容。要进行内容分析，即要先想清楚这个网站的内容是什么，通过一个网页要传达给访问者什么信息，这些信息中哪些是最重要的，哪些是相对比较重要的，哪些是次要的，应该如何组织这些信息。

对于一个高校的教务处网站，是采集教务教学信息、展示教务教学成果、发布教务教学文件、提供教务教学检索的综合性应用平台，因此需要考虑如下内容：

① 应该保证网页上有学校的名称的标志，应该有学校标志性景点的呈现。

② 要有教学服务，有针对教师和学生的相关服务内容。

③ 要有下载的功能，提供相关的教学文件资料等。

④ 要有通知功能，能随时呈现相关的教学文件通知等。

⑤ 要提供检索功能。

综合上面的所有考虑，首页内容主要是将所有点击率比较高的信息放在首页展示，主导航包括：教务首页、教务通知、教学简报、重点专业、精品课程、教学成果、专业竞赛、技能鉴定等。页面内容中还大体包含：通知公告、教学服务、下载园地、友情链接、最新动态、网站搜索等。

二、HTML 结构设计

在理解了网站内容的基础上，开始构建网站的内容结构。现在不需要管 CSS，而是完全从网页的内容出发，根据上面列出的要点，通过 HTML 搭建出网页上要表现的内容结构。图 10-2 所示的是在没有使用任何 CSS 设置的情况下搭建的 HTML 使用 IE 浏览器观察的结果，图中显示的就是不用任何 CSS 样式时的表现。

图 10-2　基本 HTML 结构

对应的 HTML 代码如下所示，代码文件位于素材"第 10 单元\index1.html"。

```html
<html>
<head>
<title>教务网站</title>
</head>
<body >
<h1>教务处</h1>
<ul
    <li class="current"><a href="#"><strong>教务首页</strong></a></li>
    <li><a href="#"><strong>教务通知</strong></a></li>
    <li><a href="#"><strong>教学简报</strong></a></li>
    <li><a href="#"><strong>重点（特色）专业</strong></a></li>
    <li><a href="#"><strong>精品课程</strong></a></li>
    <li><a href="#"><strong>教学成果</strong></a></li>
    <li><a href="#"><strong>专业竞赛</strong></a></li>
    <li><a href="#"><strong>技能鉴定</strong></a></li>
</ul>
        <img src="images/tu1.jpg"  />
        <img src="images/zxdt.png" />
        <ul>
        <li><a href="#">关于 2012 年 12 月高等学校英语应用能力考...</a> </li>
        <li><a href="#">关于做好 2012 年下半年全国大学英语四六...</a> </li>
        <li><a href="#">于做好 2012 年下半年全国计算机等级考....</a> </li>
        <li><a href="#">关于做好 2012 年下半年全国大学英语四六...</a> </li>
        <li><a href="#">关于做好 2012 年上半年全国大学英语四六...</a> </li>
        <li><a href="#">关于做好 2012 年上半年全国大学英语四六...</a> </li>
        <li><a href="#">关于做好 2012 年上半年全国大学英语四六...</a> </li>
        </ul>
    ……
</body>
</html>
```

由于代码文字内容太多，只列出部分内容，可以看出，这些代码非常简单，使用的都是最基本的 HTML 标记，除 <body>之外，包括<h1>、<h2 >、p、ul、img 这些标记。这些标记都是具有一定含义的 HTML 标记。在前面的单元中详细介绍过。

此外，<ul>列表在代码中出现多次，当有若干个项目并列时<ul>是一个很好的选择。任何一个页面，应该尽可能保证在不使用 CSS 的情况下，依然保持良好的结构和可读性。这不仅仅对访问者很有帮助，而且可以有助于网站被 Google、百度这样的搜索引擎了解和收录，这样对于提升网站访问量是至关重要。

完成网页的基本结构后，接下来就要考虑如何把它们合理地放置在页面上。

三、原型设计

在设计任何一个网页之前，都应该先有一个构思的过程，对网站的完整功能和内容作一个全面的分析。如果有条件，特别是对于比较复杂网站，应该制作出线框图，这个过程专业上称为"原型设计"。

在为客户设计网页时，使用原型框线图与客户交流是非常合适的方式。它既可以清晰地表明设计思路，又不用花大量的时间绘制。在原型设计阶段，往往要经过反复修改，反复修改设计图则需要大量的时间和工作量，且在设计的开始阶段，交流沟通的中心并不是设计的细节，而是功能、结构等策略性的问题，所以使用框线图是非常合适的。本任务的原型框线图如图 10-3 所示。

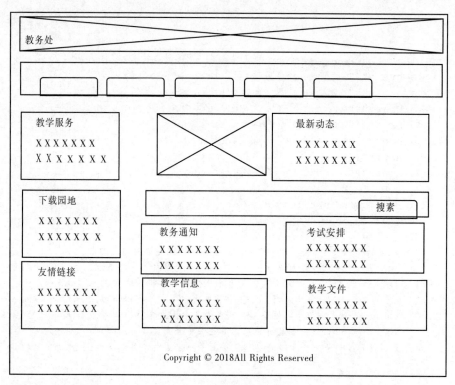

图 10-3　网站首页原型框线图

原型框线图用黑色的线框绘制即可，图像可以用一个带有交叉线的矩形代表，文字用"X"表示，这一步的核心任务就是设计出各个部分在网页中的位置。只要做到清晰地表达页面的布局和结构就可以，而不需要做得过于精细，浪费宝贵的时间。

四、页面方案

根据原型框线图，在 Photoshop 或者 Fireworks 软件中设计真正的页面方案。具体使用哪种软件，可以根据每个人的习惯来决定。对于网页设计来说，推荐使用 Fireworks，关于如何使用 Fireworks 绘制完整的页面方案，这一步设计的核心任务是美术设计，通俗地说，就是要让页面更美观、更漂亮。在一些规模比较大的项目中，通常都会有专业的美工参与，这一步就是美工的任务了。而对于一些小规模的项目，可能往往没有很明确的分工，一人身兼数职。美术的素养不像其他技术可以在短期内提高，往往需要比较长时间的学习才能达到一个比较高的水准，因此，这也需要不断地学习和提高。

本任务中的标题和文字图片素材都是在 Photoshop 软件下处理的。

任务实现

本任务的网页内容被分为左右两部分，网站结构设计示意图如图 10-4 所示。

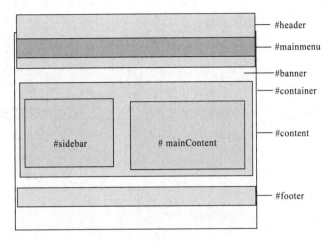

图 10-4　网站结构设计示意图

任务实现分为以下几步：

1. 设置页面整体和背景图像

一个页面的最终效果是 HTML、CSS 共同配合实现的。下面对页面的整体进行设置。这里采用链接样式表。打开素材"第 10 单元\index1.html"，将网页文件另存为"index.html"，在网页代码中添加如下代码：

```
<link rel="stylesheet" type="text/css" href="style.css"/>
```

新建 CSS 样式文件，将样式文件保存为"style.css"，样式文件和"index.html"位于同一级文件夹中。在样式文件中添加如下代码：

```
body{
    margin:0;
    background:url(images/background-header.png) repeat-x;
    font:12px/1.6 Arial;
    }
ul{
    margin:0;
    padding:0;
    list-style-type:none;
}
a{
    text-decoration:none;
    color:#464F15;
    border:0;
}
a img{
    border:none;
}
p{
```

```
    text-indent:2em;
    margin:5px;
}
```

上述样式代码中，通过给 body 设置 background，给整个网页添加背景图片，在 X 轴方向横向铺排。对页面中的 ul、a、p 进行整体设置。

2. 设置页头部分

页头部分的 id 设置为#header，首先对 header 进行设置，设定 header 宽高为具体的尺寸，宽为 1 000 像素，高度为 192 像素，设置定位属性"position:relative"，因为 header 部分后面的 h1、.decoration-1、.decoration-2 都需要使用绝对定位，而包含它们的父框就是#header，具体添加样式代码如下：

```
#header{
    position:relative;
    width:1000px;
    height:192px;
    margin:0 auto;
    font:14px/1.6 arial;
}
```

接下来对 h1 的标题文字进行图像替换，具体样式代码如下：

```
#header h1{
    background: url(images/h1.png) no-repeat top left;
    height:63px;
    margin:0;
    padding-top:20px
}

#header h1 span{
    display:none;
}
```

将图 10-5 和图 10-6 图像的内容使用绝对定位，完成相应位置的布局，完成效果如图 10-7 所示。

10-5　decoration-1 图像内容

10-6　decoration-2 图像内容

10-7　设置完成后效果

具体添加相应的样式代码如下：

```
#header .decoration-1{
    position:absolute;
    background-image: url(images/decrotion-1.png);
```

```
    height:60px;
    width:270px;
    top:70px;
    left:110px;
    px;
}
#header .decoration-2{
    position:absolute;
    background-image:url(images/decrotion-2.png);
    height:127px;
    width:660px;
    bottom:70px;
    right:0px;
}
```

网页中页面内容的具体代码如下：

```
<html>
<head>
<title>教务网站</title>
<link  href="style.css" type="text/css" rel="stylesheet" />
</head>
<body >
<div id="header">
<h1><span>教务处</span></h1>
<div class="decoration-1"></div>
<div class="decoration-2"></div>
……
</body>
</html>
```

3. 制作导航菜单

导航菜单部分 id 设置为# mainNavigation，网页中页面内容的具体代码如下：

```
<html>
<head>
<title>教务网站</title>
<link  href="style.css" type="text/css" rel="stylesheet" />
</head>
<body >
……
<ul id="mainNavigation">
    <li class="current"><a href="#"><strong>教务首页</strong></a></li>
    <li><a href="#"><strong>教务通知</strong></a></li>
    <li><a href="#"><strong>教学简报</strong></a></li>
    <li><a href="#"><strong>重点（特色）专业</strong></a></li>
    <li><a href="#"><strong>精品课程</strong></a></li>
    <li><a href="#"><strong>教学成果</strong></a></li>
    <li><a href="#"><strong>专业竞赛</strong></a></li>
    <li><a href="#"><strong>技能鉴定</strong></a></li>
</ul>
……
```

```
</body>
</html>
```

接下来对 mainNavigation 进行设置，先将导航通过绝对定位放置到头部，从最左端开始放置，具体代码如下：

```
#header #mainNavigation{
    position:absolute;
    color:white;
    font-weight:bold;
    top:137px;
    left:0;
}
```

然后设置为向左浮动，把原来竖直排列的菜单项变成水平排列，并使菜单项目之间留有一定的距离。

```
#header #mainNavigation li{
    float:left;
    padding:5px;
}
```

接下来把 a 元素设置为块级元素、设置高度，很重要的一点是设置左侧 padding，其原理在第 8 单元"滑动门"技术中有详细介绍。

```
#header #mainNavigation a{
    display:block;
    line-height:25px;
    text-decoration:none;
    padding:0 0 0 14px;
    color:white;
    float:left;  }
```

接下来设置里面的 strong 元素。这里使用了 strong 元素，因为希望文字以粗体显示，所以可以借用<strong>标记来实现"滑动门"技术中 span 元素的功能。

首先需要将其设置为块级元素，因为 strong 元素原来是行内元素，同时设置右侧的 padding 值。特别需要注意，这里 strong 元素的背景图像从右侧开始放置。

```
#header #mainNavigation a strong{
    display:block;
    padding:0 14px 0 0;
}
#header #mainNavigation .current a{
    color:white;
    background:transparent url(images/main-navi.png) no-repeat;
}
#header #mainNavigation .current a strong{
    color:white;
    background:transparent  url(images/main-navi.png) no-repeat right;
}
```

通过前面的网页首页效果图可以看出，在主菜单中，只有一个设置为"current"（当前）的菜单项使用了背景图像，其余几个在平常状态下没有使用背景图像，而当鼠标指针经过时则会出现背景图像。实现图 10-8 所示的效果图，其代码如下所示。

图 10-8　网页头部完成效果图

```
#header #mainNavigation a:hover{
    color:black;
    background:transparent url(images/main-navi-hover.png) no-repeat;
}
#header #mainNavigation a:hover strong{
    background:transparent url(images/main-navi-hover.png) no-repeat right;
    color:black;
}
```

4．制作主体区域

主体部分要把各种元素放置到适当的位置，先进行布局设置，样式代码如下：

```
#content{
    width:1060px;
    margin:auto;
    }
#mainContent{
    float:right;
    width:790px;
    margin:auto;
    margin-left:10px;
}
#sideBar{
    float:left;
    width:250px;
    }
```

上面采用了比较简单的固定宽度的两列布局。外层的 content 的宽度固定为 1 060 像素，居中对齐。里面的两列分别为 mainContent 和和 sideBar。二者都设定固定宽度，并分别向左浮动，从面形成两列并排的布局形式。

（1）设置右列的主要内容列

接下来对右列进行设置，通过上面的网页效果图可以看到右列主要含有图片框、最新动态、搜索框以及剩下的 4 个相同框教务通知、考试安排、教学文件和教学信息。右列部分网页代码如下：

```
<div id="content">
  <div id="mainContent">
    <div class="contentBox1">
    <img src="images/tu1.jpg" />
    </div>
    <div class="contentBox2">
      <img src="images/zxdt.png" />
    <ul>
    <li><a href="#">关于 2012 年 12 月高等学校英语应用能力考...</a> </li>
```

```
        <li><a href="#">关于做好 2012 年下半年全国大学英语四六...</a> </li>
        ……
        </ul>
        </div>
        <div id="searchBox">
         <img src="images/jsuo.png" />
        <form >
          ……
        </form>
        </div>
       <div class="contentBox3 ">
        <img src="images/jwtz.png" />
         <ul>
         <li><a href="#">关于 2013 年春季课程教材征订的通知</a></li>
         ……
         </ul>
        </div>
        <div class="contentBox3">
        <img src="images/ksap.png" />
        <ul>
        <li><a href="#">关于做好 2012 年 12 月职业英语水平等级考... </a> </li>
        ……
        </ul>
        </div>
        <div class="contentBox3">
     <img src="images/jxwj.png" />
        <ul>
        <li><a href="#">关于组织 2012-2013 学年（上）课堂教学...</a> </li>
        ……
        </ul>
        </div>
        <div class="contentBox3  clear">
        <img src="images/jxxx.png" />
         <ul>
         <li><a href="#">学校召开 2011-2012 学年度教师说课活动...</a> </li>
        ……
        </ul>
        </div>
</div>
```

右列部分具体的样式代码如下：

```
#contentBox{
    width:730px;
    float:left;
    padding:0 5px;
    border:1px #dfe9ac solid;
    margin-top:5px;
    margin-left:10px;
    }
#mainContent .contentBox1{
    width:300px;
```

```
    height:220px;
    float:left;
    border:1px #dfe9ac solid;
    margin-top:5px;
    margin-left:10px;
    background-image:url(images/tpk.png);
}
#mainContent .contentBox1 img{
    position:relative;
    top:10px;
    left:10px;
}
#mainContent .contentBox2{
    width:465px;
    height:220px;
    float:left;
    border:1px #dfe9ac solid;
    background-repeat:no-repeat;
    background-color:#f8f4ef;
    margin-top:5px;
    margin-left:10px;
}
#mainContent .contentBox2 h3 span{
    display:none;
}
#mainContent #searchBox {
    margin-left: 10px;
}
#mainContent #searchBox img{
    float:left;
    margin-top:5px;
    border:1PX solid  #dfe9ac ;
}
#mainContent .contentBox3{
    width:382px;
    float:left;
    border:1px #dfe9ac solid;
    margin-top:5px;
    margin-left:10px;
    background-color:#f1f6dc;
    }
```

对右侧部分的链接进行设置，具体样式代码如下：

```
#mainContent li a{
    padding-left:20px;
    background-image:url(images/arrow_green.gif);
    background-repeat:no-repeat;
    background-position:left center;
    line-height:25px;
}
#mainContent  li a:hover{
    color:#ffa500;
}
```

（2）设置左边栏

左边栏主要包括调用日期、教学服务、下载园地和友情链接四个部分。网页中具体的代码如下：

```html
<div id="sideBar">
   <div class="date"  >
     ……
      </div>
          <div >
          <ul>
             <li><img src="images/jxfw.png" /></li>
          ……
          </ul>
          </div>
      <div >
       <ul>
        <li><img src="images/xzyd.png" /></li>
          <li><a href="#">全国大学英语四六级考试考生...<span class="intro">
全国大学英语四六级考试考生须知</span></a></li>
          ……
          </ul>
       </div>
      <div >
       <ul>
             <li><img src="images/yqlj.png" /></li>
          <li><a href="#">教务信息系统</a></li>
          ……
          </ul>
          </div>
   </div>
```

左边栏样式代码如下：

```css
#sideBar div{
   margin-top:5px ;
   margin-bottom:5px;
   width:100%;
   border:1px  solid #dfe9ac;
   padding:10px;
   padding-bottom:10px;
   background-color:#f1f6dc;
   position:relative;
}
#sideBar .date{
   background-image:url(images/rq.png) ;
   background-repeat:no-repeat;
}
#sideBar  img{
   position:relative;
   top:0;
   left:0;
   }
#sideBar div span.first{
   padding-top:10px;
```

```
    font-size:14px;
    font-weight:bold;
}
#sideBar li {
    font-size:14px;
}
#sideBar li a{
        font-family:Times New Roman,ARIAL,Courier;
        font-weight:blod;
        padding:10px 0px 5px 20px;
        width:233px;
        background:#dfe9ac;
        text-decoration:none;display:block;
        border-top:1px solid #f1f6dc;
        color:#555;
        padding:3px 0;
        padding-left:20px;
        font-weight:bold;
        background-image:url(images/bullet-green.png);
        background-repeat:no-repeat;
        background-position:left center;
}

#sideBar li a:hover{
        background-image:url(images/bullet-red.png);
        color:#ffa500;
}
#sideBar li a span{
        display:none;
}
#siderBar li a:hover span.intro{
    display:block;
    position:absolute;                /*绝对定位*/
    margin-top:20px;
    margin-left:20px;
    width:100px;
    height:auto;
    background-color:#eee;
    color:#000;
    border:1px dashed #234;
    }
```

5. 制作版权区域

版权部分包含 2 个段落，第一个段落中设置了简单的链接，第 2 个段落中说明相关版权信息。

```
<div id="footer">
     <p class="p1"><a href="#">网站首页</a> | <a href="#">招生信息</a> | <a
href="#">就业信息</a> | <a href="#">校内网</a></p>
     <p class="p2">连云港职业技术学院教务处版权所有  Copyright © 2016-2019 All
Rights Reserved </p>
</div>
```

版权部分的具体样式代码如下：

```
#footer{
    clear:both;
    height:53px;
    margin:0;
    background:transparent url(images/footer-background.png) repeat-x;
    text-indent:0px;
    text-align:center;
}
#footer p{
    margin:0px;
}
#footer a{
    color:white;
}
#footer .p1{
    line-height:29px;
}
#footer .p2{
    line-height:30px;
    background-image:url(images/footer-background-2.png);
    background-repeat:no-repeat;
    width:760px;
    margin:0 auto;
    background-position:60px top;
    color:#888;
}
```

至此教务网站全部制作完成。通过上面的案例实现可以更好地体验 CSS 布局的优点。这种布局方式的最大优点是它非常灵活，可以方便地扩展和调整。例如，随着业务的发展，当网站需要在页面中增加一些内容时，不需要修改 CSS 样式，只需要简单地在 HTML 中增加相应的模块就可以了。

不但如此，设计合理的页面，可以非常灵活地修改样式，例如，稍作修改，将两列的浮动方向交互，就可以立即得到一个新的页面，如图 10-9 所示。

图 10-9　调换左右两列位置的网页效果图

任务拓展

大规模项目中，网页制作都需要美工人员的参与。设计出漂亮的页面并不是一件很容易的事情，因为美术素养不像其他技术可以在短期内提高，它往往需要比较长时间的学习和陶冶能到达一个比较高的水准。

就网页美工的设计而言，最核心的一点就是配色了。这也是很难用几条规则来概括的，即使能够归纳出几条规则，比如协调、对比等，这对于初学者也是很难实际操作的。

1. 颜色三要素

在关于色彩的科学理论中，颜色有 3 个要素，称为"色相"（也称为色调）、"亮度"（也称为明度）和"饱和度"。

- "色相"就是表示颜色的种类。比如红色还是绿色，就是说的一种色的"色相"。
- "亮度"表示的是一种颜色的深浅。比如浅黄要比深黄的"亮度"高一些。
- "饱和度"表示的是一种颜色的纯度，越是鲜艳的颜色，饱和度越高。把彩色照片的饱和度逐渐降低，最终它就会变成黑白照片。

在颜色方面，如果两种颜色的某两个要素值固定不变，另一种要素的值变化产生的颜色搭配在一起通常是协调的。

例如，在调色板中，选定一种颜色以后，调整右侧的黑色三角的位置，得到的颜色就是色相和饱和度相同而亮度不同的颜色，这样得到的新颜色和原来的颜色通常是协调的，如图 10-10 所示。

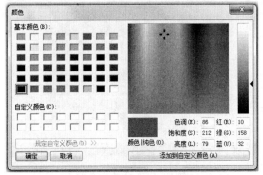

图 10-10　在调色板中选择颜色

2. 网页配色技巧——两种半色配色法

关于网页配色，下面给出一个比较安全的方法，即"两种半颜色"，也就是先为一个网页选择两种色，这两种色反差要大一些，比如选择蓝色和土黄色。然后，再把其中的一种颜色分出深、浅两种色，比如本单元的案例中将蓝色分为浅蓝和深蓝。这样一共得到了看起来是三种，实际上是两种颜色的组合，那么在整个页面中，就不再出现其他颜色了。当然，如果页面中使用了照片或装饰，其中的颜色就不在这三种颜色的范围内。

"两种半色配色法"可以使整个页面的效果达到协调的标准。尽管它不像有的网页那样抢眼，但是其整体效果有足够的整体感，达到了专业水准。这种效果对于大多数非美术专业出身的人是完全可以做到的。

在确定"两种半"颜色中的基本色时，可以遵循"相同亮度和饱和度，变化色相"的原则来选取。

"两种半"是最基本颜色的选择，需要我们逐步摸索提高。可以观察生活中的例子，比如时尚杂志、广告、大商场的制窗和悬挂的宣传海报等。可以去学习一些好的网站，看看有些什么可以借鉴的东西。总之，配色等一些纯美术的因素，我们或者请专业人士参与，或者慢慢学习提高，想短期内有明显的提高是比较难的。

课 后 实 训

婚纱摄影网站的 CSS 页面布局

实训目的

掌握 DIV+CSS 页面布局的综合方法和技巧。

实训内容

根据 DIV+CSS 的页面布局方法，完成图 10-11 所示的婚纱摄影网站的 CSS 页面布局。

图 10-11　婚纱摄影网

单 元 小 结

在本单元中，通过一个教务网站首页完整地制作了一个案例。通过对这个案例的学习，读者可以了解遵从 Web 标准的网页设计流程，从内容分析到 HTML 结构设计再到原型设计，最后实现页面。此外，大家一定要仔细研究一些著名的网站，分析不同的网站如何搭建结构，这对于提高自己的设计能力很有帮助。